www.tredition.de

Klaus Hellmuth Richardt

GRÜNE VOLKSWIRTSCHAFT

Lösung für die Welt oder Katastrophe für uns?
Eine Analyse mit Empfehlungen

www.tredition.de

Verlag und Druck: tredition GmbH, Halenreie 40-44, 22359 Hamburg

978-3-347-39666-1 (Paperback)
978-3-347-39667-8 (Hardcover)
978-3-347-39668-5 (e-Book)

Anmerkung: Alle nicht mit Quellenangabe versehenen Fotos stammen vom kostenfreien Online-Portal ‚pixabay'-

INHALTSVERZEICHNIS

8. STROMERZEUGUNG ALLGEMEIN 59

1. EINLEITUNG

Die Fridays for Future Bewegung (FFF) hat die Meinungsführerschaft in der Umweltdiskussion übernommen, obwohl deren Mitglieder weder über die entsprechende Ausbildung noch die notwendige Erfahrung auf den Gebieten der Umweltfolgenabschätzung sowie einer rationalen, bezahlbaren Energieversorgung verfügen. Ähnliches gilt für deren Berater, die Scientists for Future, deren Mitglieder meist aus Wissenschaftsbereichen kommen, die mit dem Fachgebiet, über das sie urteilen, nichts zu tun haben.

Öko**logisch** hat eigentlich etwas mit **Logik** zu tun, was allerdings in der laufenden Debatte wenig Beachtung findet. Wie in einer Sekte wird immerfort mantrahaft wiederholt wir müssen das CO_2-Ziel einhalten, sonst geht die Welt unter.

Dabei ist noch gar nicht erwiesen, ob und wieviel CO_2-Erzeugung und -verbrauch in der Welt mit der Erderwärmung zu tun haben. Könnte es nicht eher sein, dass Erderwärmung etwas mit Wärme, also der Abwärme von technischen Prozessen oder Installationen zu tun hat? Auch diesen Aspekt betrachte ich hier.

Tatsache ist, dass in der Natur bei jedem Oxidations- oder Verbrennungsvorgang CO_2 entsteht aber CO_2 auch für das Überleben der Fauna und Flora erforderlich ist, da es in Pflanzen und dem Meer dazu verwendet wird, wieder Sauerstoff zu produzieren.

Der Hauptstreit in Wissenschaft und Öffentlichkeit dreht sich jetzt darum, wieviel CO_2 die Natur verkraftet.

Die Grünen und FFF wollen so schnell wie möglich die CO_2-Produktion bei uns auf null senken, aber nur für jenes CO_2, das sie für schädlich halten. Holzverbrennung und Biomasse sind grundsätzlich ausgenommen, da Holz oder ‚Biomasse‘ nach deren Meinung ja schnell wieder nachwachsen. Nur ‚schnell‘ bedeutet bei Holz eine Wachstumszeit von 40 bis 80 Jahren, bevor ein Baum, der heute gefällt wurde, wieder nachgewachsen ist. Und, wenn alles wirklich so dramatisch ist mit der CO_2-Produktion, haben wir zumindest ein Zeitproblem mit einem vorübergehenden Ungleichgewicht zwischen Erzeugung und Absorption.

Mein erstes Buch, 'Damit die Lichter weiter brennen' [1], befasste sich mit der Bildungssituation in unserem Land, dem enormen Bevölkerungswachstum in der Welt, deren aktueller CO_2-Erzeugung und dem zugehörigen Energieverbrauch, der Energieerzeugung und dem Verkehr in Deutschland, dem überhasteten Umstieg auf Elektroautos sowie den damit verbundenen Lade- und Reichweitenproblemen als auch schon mit der Kostensituation der Energieversorgung 2020 sowie Deutschlands Verschuldung vor der Pandemie. Das Buch kam zu dem Schluss, dass Deutschland mit einer CO_2-Erzeugung von 2,26% die Welt nicht retten kann, selbst wenn man bei uns sofort alle fossilen Verbraucher abstellte. Es endete mit Vorschlägen für eine rationale Energie- und Verkehrswende unter Machbarkeits- und Finanzierungsaspekten.

Seit Erscheinen dieses ersten Buches im Juli 2020 hat sich einiges getan, weshalb ich mich entschloss, ein zweites nachzuschieben:

- Der Bundesrechnungshof [2] hat, unabhängig von mir, alle meine Thesen bestätigt und die Politik aufgefordert, vorgesehene Veränderungen so stringent durchzuplanen, dass keine Versorgungslücken entstehen. Zudem soll die Regierung dafür sorgen, dass Deutschland mit den derzeit höchsten Strompreisen in Europa, wieder bezahlbaren Strom bekommt und nicht die Konkurrenzfähigkeit der Wirtschaft weiter gefährdet. Auch erneuerbare Energie muss sich am Markt bewähren und nicht durch Sonderfinanzierung Wettbewerbsvorteile bekommen.

- Das im August 2020 in Kraft getretene Kohleausstiegsgesetz [3] hat bereits dafür gesorgt, dass supermoderne, 2015 in Betrieb genommene Kohlekraftwerke, wie das 3 Mrd. € teure 1650 MW Steinkohlekraftwerk Hamburg-Moorburg im Januar 2021 stillgelegt wurden.

- Die Automobil- und Zubehörindustrie hat bereits die Entlassung von 120 000 Mitarbeitern beschlossen, die mit dem Verbrennungsmotor beschäftigt waren. Die E-Auto-Produktion hat, trotz enormer staatlicher Förderung, nicht annähernd den Produktionsausfall der Fahrzeuge mit Verbrennungsmotor kompensieren können.

- Die neugewählte grün-schwarze Landesregierung von Baden-Württemberg hat weitergehende, kostspielige und fragwürdige ‚Klimaschutzmaßnahmen‘ vereinbart. Unter anderem die zusätzliche Installation von 1000 Windrädern, in der windschwächsten Region Deutschlands.

- Die Bundesregierung legte ein neues Landwirtschaftsgesetz vor, das mehr Lebensraum für Tiere und Insekten vorsehen soll, sich aber nicht mit den durch Windräder verursachten Schäden beschäftigt.

- Das Bundesverfassungsgericht forderte die Regierung dazu auf, das neue Klimaschutzgesetz derart nachzuschärfen, dass der CO_2-Ausstieg schneller geschieht als bisher geplant.

- Die Corona-Krise, die sich auf den Arbeitsmarkt auswirkt, aber auch als Entschuldigung für Fehler der Vergangenheit missbraucht wird.

All die oben genannten Punkte erfordern es, jetzt auf Dinge einzugehen, die durch die veränderten Rahmenbedingungen in diesem Jahr wichtig geworden sind.

Das vorliegende Buch befasst sich mit diesen Paradoxien, der aktuellen Situation der Energieerzeugung und des Verkehrs, den von den etablierten Parteien vorgesehenen Maßnahmen zur Verbesserung der Umweltsituation und zuletzt mit den Vorschlägen des Autors, wie man die Situation zum Wohle der Umwelt und unserer Volkswirtschaft professionell bewältigen kann.

Ich bin überzeugt, dass die meisten Klimaaktivisten, genau wie ich, nur das Beste für unser Land und die Umwelt wollen. Nur leider, und das werde ich hier nachweisen, meist mit untauglichen Mitteln, weil ihnen der Gesamtüberblick fehlt.

Dieses Buch ist nicht dazu gedacht, alles Neue zu verdammen. Nein, dort wo es Sinn macht, ausreichend im Großmaßstab erprobt ist und sich gesamtwirtschaftlich rechnet, bin ich dafür.

<u>Es gibt nur eines, was ich mit aller Macht bekämpfe:</u>

Planloses Herumspielen mit irgendwelchen Teillösungen ohne ein tragfähiges und zeitlich abgestimmtes Gesamtkonzept. Wenn wir etwas abschaffen, das wir brauchen, weil es möglicherweise auf irgendeine Art schädlich ist, müssen wir zwingend eine funktionierende Alternative in dem Moment einsatzbereit haben, wo die alte abgeschafft wird. Dieses Planungstool nennt man MASTERPLAN. Es wird in jedem Entwicklungsland eingesetzt. Nur bei uns nicht. Aber wir sind ja (noch) kein Entwicklungsland!

2. URSACHEN FÜR KLIMAVERÄNDERUNG

Es gibt Heerscharen von Wissenschaftlern, die sich um die Ursachen von Klimaveränderungen, die es in der Geschichte der Erde schon immer gegeben hat, streiten. Warum war Grönland früher grün? Da gab es noch keine Kohlekraftwerke und Autos mit Verbrennungsmotoren.

Warum wurde uns Ende der 60-er Jahre eine neue Eiszeit vorausgesagt?

Warum redet man jetzt nur noch von unzulässiger Erderwärmung hat aber z.B. im April 2021 den kältesten April seit 40 Jahren in Deutschland gemessen.

Bisher konnte niemand schlüssig beweisen, dass CO_2 die Hauptursache für Klimaveränderungen ist und auch keine Modellrechnungen vorlegen, die sich in irgendeiner Form, durch spätere Messungen bewahrheitet haben.

Eine gute Zusammenfassung der bisherigen Meinungen zeigt das Buch: Unerwünschte Wahrheiten, Was Sie über den Klimawandel wissen sollten [4], das zu dem Schluss kommt, dass CO_2 zwar einen Einfluss auf das Klima hat, aber nicht die bestimmende Größe ist, weshalb wir noch genügend Zeit haben, unsere Energieerzeugung auf schadstoffärmere Technologien umzustellen.

Deshalb mische ich mich nicht in diesen Streit ein, sondern beschäftige mich in meinem Buch mit belegbaren Tatsachen und Lösungsvorschlägen, wie man die Zerstörung unserer Lebensgrundlagen bremsen oder sogar verhindern kann.

Egal wer am Ende Recht hat: Wenn wir in Deutschland mit 2,26% CO_2-Erzeugung in der Welt [1] allein anfangen, kein anthropogen erzeugtes CO_2 mehr auszustoßen, werden wir die Situation auf der Welt nicht ändern, sondern nur unsere Wirtschaft und den Zusammenhalt der Gesellschaft ruinieren.

Ich warne besonders davor, die jeweilige Mehrheitsmeinung zum Maß der Dinge zu machen. Wissenschaftler können irren und viele Wissenschaftler können noch mehr irren.

Erinnern Sie sich an die Relativitätstheorie von Albert Einstein? Sie hatte viele Gegner, aber Einstein gab nichts auf die Mehrheitsmeinung, er wartete nur auf eine schlüssige Widerlegung, die nie kam. Dafür wurde seine Theorie in der Praxis bewiesen!

Unabhängig von der CO_2-Diskussion ist eines unbestritten:

Der Fortschritt in der Medizin und Erzeugung von Nahrungsmitteln führt zu einem enormen Anstieg der Weltbevölkerung mit damit verbundenem Verbrauch von natürlichen Ressourcen, der, falls er ungebremst weiter geht, irgendwann zu einem Kollaps des Ökosystems Erde führen wird, weil die Ressourcen nicht mehr reichen.

Je höher der Lebensstandard einer Bevölkerung ansteigt, umso geringer ist die Geburtenrate, aber umso höher der Energie- und Ressourcenverbrauch. Da müssen wir eine Balance finden.

Wir haben bereits so viele Menschen auf der Welt, dass wir auf eine industrielle Nahrungsmittelproduktion nicht mehr verzichten können, aber wir können versuchen, den Verbrauch von Ressourcen und Energie so weit wie möglich zu verringern, durch verbesserte Produktionsmethoden und Verbesserung des technischen Wirkungsgrades (Wirkungsgrad: Verhältnis von Nutzenergie zu zugeführter Energie). Je höher der Wirkungsgrad, umso geringer wird die Abwärme, die in die Umgebung entweicht und zur Erderwärmung beiträgt.

Aber eines muss klar sein: Wenn man der Meinung ist, CO_2-Erzeugung sei die alleinige Ursache für den Klimawandel, sollte man grundsätzlich versuchen, jegliche menschengemachte CO_2-Erzeugung zu vermeiden, also auch Holzverbrennung und Biomasseverwertung, da deren CO_2-Bilanz wesentlich schlechter ausfällt als jene von Öl, Kohle und Gas.

3.   DAS GUTE UND DAS SCHLECHTE CO2

Ein grünes Wunder

Abbildung 1, CO₂-neutrales Holzfeuer/<u>**CO₂-schädliches Kohlefeuer**</u>

Haben Sie sich schon einmal gefragt, warum Holzfeuer als CO_2-neutral definiert wird aber Kohlefeuer wegen seiner CO_2-Schädlichkeit sofort abgeschafft werden muss?

Oder warum die Hamburger Grünen zwecks Ersatzes des Steinkohlekraftwerkes Moorburg Buschholzpellets aus Namibia importieren wollen?

<u>Folgender, gravierender Denkfehler, überschattet die Diskussion um die Energiewende:</u>

Die nicht vorhandene CO_2-Neutralität bei der Holzverbrennung

Einerseits werden Kohle- und andere fossile Kraftwerke abgeschaltet, weil sie CO_2 erzeugen, das angeblich in der Natur nicht ausreichend wieder aufgenommen werden kann.

Andererseits werden Holz- und daraus abgeleitet, Pelletheizungen propagiert, weil das Holz, welches verheizt wird, ja wieder nachwächst. Die Verbrennung sei daher CO_2-neutral. **Nur, bis ein gefällter Baum wieder nachgewachsen ist, vergehen bis zu 80 Jahre, in denen das zuvor verbrannte CO_2 nicht in dem Maße kompensiert werden kann, wie es erzeugt wird.**

Das heißt ‚Nachhaltigkeit' oder ‚CO_2-Neutralität' im Zusammenhang mit Holzverbrennung zu behaupten ist, zumindest auf der Zeitschiene, ein Irrglaube, der korrigiert werden muss.

Es lohnt sich, in diesem Zusammenhang die CO_2-Erzeugungen (Holzverbrennung, Gas-, Holz- und Kohlekraftwerk) zu vergleichen, um die Stichhaltigkeit der sogenannten CO_2-Neutralität zu erhärten oder zu widerlegen.

Als Vergleichsmaßstab nehmen wir das bis 2015 für 3 Mrd. € gebaute, jetzt stillgelegte, moderne Steinkohlekraftwerk Moorburg in Hamburg, das sowohl Strom als auch Fernwärme erzeugte:

3.1   WÄRMEERZEUGUNG

Moorburg hätte laut Vattenfall maximal 650 MW an Fernwärme erzeugt, das sind, bezogen auf Hamburg, 68241 Haushalte von 95 m² Wohnfläche mit, vor Ort, abgasfreier Wärme. Dies fällt nun weg, weshalb man Heizalternativen untersuchen muss:

3.1.1   Kaminheizung mit Holz

Abbildung 2, Holzfeuer

Nichts fühlt sich schöner an, als abends gemütlich bei Kerzenschein vor dem Kaminfeuer zu sitzen, wenn man die Fernwärme ersetzen muss.

Nur leider hat das Verbrennen von Holz im offenen Kamin entscheidende Nachteile:

Der Wirkungsgrad bei Kaminverbrennung beträgt 15%, weil die Raumwärme nur durch die Flammabstrahlung erzeugt wird, die konvektive Wärme der erwärmten Luft geht voll durch den Kamin.

Die CO_2-Belastung bei Verbrennung von Holz ist viel höher als bei allen anderen fossilen Brennstoffen, wenn man den Kunstgriff vermeidet, Holzverbrennung als ‚CO_2-neutral' oder ‚nachhaltig' zu bezeichnen:

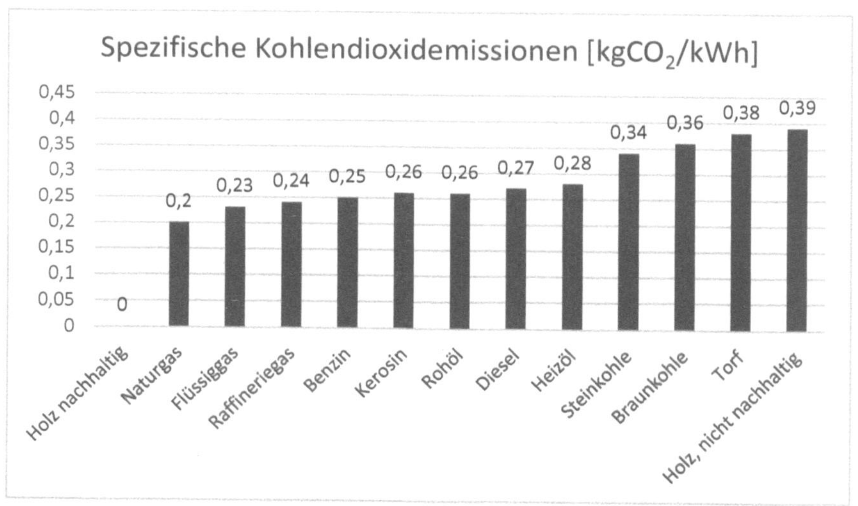

Abbildung 3, spezifische Kohlendioxidemissionen (eigene Darstellung (e.D.))

Man sieht, Holz erzeugt, selbst bei optimaler Verbrennung von trockenem Holz mit hohen Temperaturen, sehr viel mehr CO_2 als andere Brennstoffe.

Dazu kommt:
- Nasses Holz hat 60% weniger Heizwert als trockenes, da das enthaltene Wasser erst verdampft werden muss, bevor das Holz gut brennen kann

- Ohne gleichmäßige Brennstoffaufgabe, Luftzufuhr und hohe Temperaturen verbrennt das Holz unvollständig unter Zurücklassung eines hohen, giftigen, Kohlenmonoxid Anteiles (CO).

Die Verbrennung des Holzes an sich erfolgt zweistufig, indem zunächst bei unvollständiger Verbrennung Holzkomponenten vergast werden (CO, Kohlenwasserstoffe, Teer und Ruß) um danach, im Optimalfall, bei hoher Temperatur und vollständiger Verbrennung in Kohlendioxid, Stickoxide und Aschepartikel überzugehen.

Das heißt, ein Kamin erzeugt sehr viel schädlichere Abgase im Vergleich zu einem optimierten Verbrennungsprozeß, da die gleichmäßige Verbrennung bei hoher Betriebstemperatur nicht gewährleistet ist. Dazu kommt noch Flug- und Restasche, die nur im Garten verwertet werden kann.

Nachfolgender Vergleich bezieht die resultierende CO_2-Erzeugung immer auf die jetzt bei Moorburg wegfallende Heizleistung von 650 MW, einem Heizbetrieb von 180 Tagen à 16 h Heizdauer und einem daraus resultierenden Nutzwärmeverbrauch von 1,87 TWh.

Mit o.g. Nutzwärmeverbrauch und einem Kaminwirkungsgrad von 15% erhalten wir aus dem Kamin: **4867 kto CO_2/a**, plus alle anderen Schadstoffe (CO, Stickoxide und Asche).

3.1.2   Holzofen statt Kamin

Im Gegensatz zum Kamin hat ein Holzofen den Vorteil, sowohl Strahlungs- als auch Konvektionswärme (durch Luft, die am im Raum stehenden Ofen vorbeistreicht) erzeugen zu können. Somit sind, im Gegensatz zum offenen Kamin (15%), Verbrennungswirkungsgrade bis 60 % möglich.

Aufgrund des höheren Wirkungsgrades erzeugt der Holzofen **1217 kto CO_2/a (Holzofen),** plus alle anderen Schadstoffe.

3.1.3   Holzheizwerk mit Buschholz aus Namibia

Die Hamburger grüne Umweltbehörde hat im Mai 2020 mit Namibia ein Memorandum of Understanding unterzeichnet, nach dem Buschholzpellets nach Hamburg importiert werden sollen.

Diese Überlegung hat, gegenüber effizienter Kohleverbrennung einen entscheidenden Haken: Die höhere CO_2-Erzeugung bei geringerer Energieausbeute.

Laut dpa hatte Umwelt-Staatsrat Michael Pollmann (Grüne) damals erklärt: «Energie aus namibischer Biomasse könnte uns helfen, bei der Fernwärme-Versorgung schneller aus der Kohle auszusteigen.» Was hierbei von den Grünen nicht berücksichtigt wird ist, unabhängig von unserer Umweltsituation, der Umstand, dass Buschholz in Afrika mangels anderer Energiequellen noch immer zum Kochen verwendet wird und dann vor Ort fehlt. Das heißt, gerade jene, die bei jeder Gelegenheit betonen, man müsse Afrika helfen wo immer es geht und Afrika vor Ausbeutung schützen nehmen den Afrikanern einen Teil ihrer Lebensgrundlage. Wie krass ist denn das??

Sollten die Pellets nur in einem Heizwerk ohne besondere Energieproduktion zum Einsatz kommen, würde man bei gleicher Nutzwärmeerzeugung wie oben und einem Heizwirkungsgrad von 75%, eine CO_2-Erzeugung von **973 kto CO_2/a** erzielen.

3.2   VERBRENNUNGSPROZESSE ALLGEMEIN

Generell gilt für jeden Verbrennungsprozess:

Je besser die Brennstoffzuführung, die Flamm- und Abgasüberwachung, der Wärmeaustausch, umso mehr Energie wird gewonnen und man kann die Reststoffe so behandeln, dass sie der Umwelt weniger schaden. Das ist auch der Grund dafür, weshalb moderne Kraftwerke, unabhängig vom Brennstoff, mit ihrer perfekten Steuerung und Überwachung immer bessere Ergebnisse erzielen als rudimentäres Heizen mit Brennstoffaufgabe von Hand. Die Kehrseite der Medaille: Es gibt vollautomatische Heizsysteme (mit automatischer Brennstoffaufgabe, elektrischer Luftzuführung, Wasser-Wärmetauscher etc.) für Ein- und Mehrfamilienhäuser, auch für Holzverbrennung. Nur sind diese Systeme teuer und sie benötigen externe Zusatzenergie. All das ist bei einem modernen Großkraftwerk mit Fernwärmeauskopplung schon vorhanden und muss nicht extra zugekauft werden.

3.3   STROM- UND WÄRMEERZEUGUNG MIT GAS-KOMBIKRAFTWERK

Wegen der vorherrschenden Umweltpolitik können für die Stromerzeugung bei Flaute bestenfalls noch Gaskombikraftwerke eingesetzt werden. Diese werden mit Gasturbinen und, wegen der hohen Abgastemperaturen, mit Abhitzekessel(n) und angeschlossener Dampfturbine(n) betrieben. Die Abwärme der Gasturbine reicht immerhin aus, um mit dem Dampf aus dem Abhitzekessel noch 50% elektrische Leistung zusätzlich zur Gasturbinenleistung zu gewinnen plus Fernwärme aus dem Dampfkondensator, der den Niederdruckdampf noch zum Anwärmen von Heißwasser nutzt, das dann in die Fernwärmeleitung eingespeist wird. Der ganze Prozess erzeugt weniger CO_2 und keinerlei staubförmige Abgase.

Bei gleicher Wärme- und Energieerzeugung wie Moorburg würde ein Gaskombikraftwerk **5532 kto CO_2/a** ausstoßen.

3.4   STROM- UND WÄRMEERZEUGUNG MIT HOLZPELLETS AUS NAMIBIA

Bei Holzpellets, die einen geringeren Heizwert (5 kWh/kg) aufweisen als Steinkohle (8,3 kWh/kg), können die Kessel nicht so kompakt gebaut werden, wie bei Steinkohle, weshalb der Wirkungsgrad bei der Stromerzeugung deutlich niedriger ausfällt als bei Kohle, mit 35 statt 42,5%.

Damit erhält man eine CO2-Bilanz von **14 486 kto CO_2/a.**

3.5   STEINKOHLEKRAFTWERK MOORBURG: ERZEUGUNG, ROHSTOFFE UND ABGASE

Hierzu schauen wir zunächst einmal, was wir vom Kraftwerk Moorburg bekommen, wie welche Energie erzeugt wird und wie dessen Schadstoffbilanz aussieht:

3.5.1   Windstrom statt Kohlestrom

Allein um die elektrische Leistung von Moorburg (1650 MW) zu ersetzen, bräuchte es ca. 410 Windräder der 4 MW-Klasse, die bei Flaute wenig bis gar keinen Strom erzeugen. Deshalb müssen zur

Sicherheit andere thermische Kraftwerke zugebaut werden und einspringen, wenn der Wind einmal nicht kann. Das bedeutet dann doppelten Aufwand wegen doppelter Investitions- und Betriebskosten.

4 MW-Windkraftwerke benötigen bei einem Rotordurchmesser von 140 m einen empfohlenen Minimalabstand von 5D. Für ca. 400=20x20 Windräder bräuchte man eine Aufbaufläche von (20 x 5 x 140 m)^2 = 14 km x 14 km = 196 km² (s. Kartenfläche unten), um diese Windräder unterzubringen.

Dies entspricht der Gesamtfläche (196 km²) des nachfolgenden Kartenausschnittes von Hamburg. Wo sollen die vielen Windräder noch hingebaut werden???

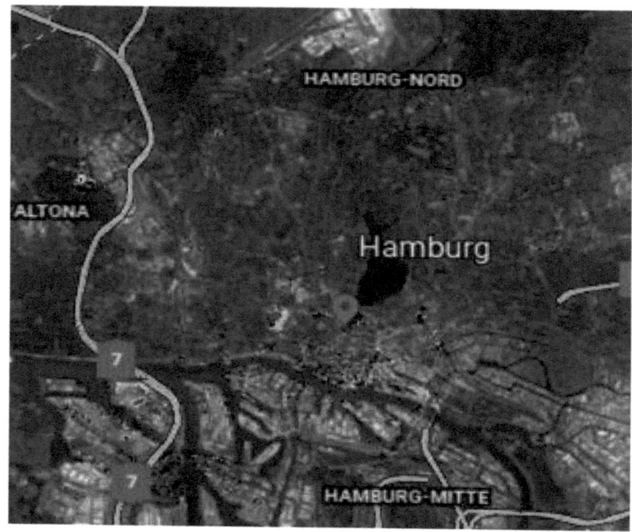

Abbildung 4, Flächenbedarf 196 km² für 410 Windräder (Google Earth)

3.5.2   Wärmeerzeugung

Laut Angaben von Vattenfall ist Moorburg in der Lage, 650 MW Fernwärmeleistung zu erzeugen.

Bei einer für Hamburg (laut statistischem Bundesamt) mittleren Wohnungsgröße von 95 m² könnten damit 68 421 Wohnungen (vor Ort schadstofffrei) beheizt werden, d.h. in den Wohnvierteln gäbe es keine Heizungsabgase.

Steinkohlekraftwerk Moorburg von 2015 – 2021 abgestellt wegen Kohleausstieg

Abbildung 5, Steinkohlekraftwerk Moorburg (Vattenfall)

Kohle

Ein Steinkohlekraftwerk braucht Kohle als Brennstoff. Die beiden überdachten Kohlebunker des Kraftwerkes Moorburg beinhalten 2 x 150 000 t Steinkohle, den Volllastbedarf eines Monats. Diese Kohle wird mit Schiffen der Panmax-Klasse direkt an die Pier geliefert, mit einer Kapazität pro Schiff von 70 000 t, d.h. ca. 4 Schiffe/Monat bei Volllastbetrieb.

Zum Vergleich: Ein Lkw transportiert ca. 32t Kohle, für 300 000t bräuchte man 9375 Lkws oder 132 vollbeladene Güterzüge à 35 Waggons.

Ammoniak

Um die Stickoxide aus dem Rauchgas zu entfernen wird Ammoniak in die Rauchgase eingesprüht, um den Stickstoffanteil abzuscheiden. Diesen Anlagenteil nennt man Denox.

Kalk

Der in den Kohleabgasen enthaltene Schwefel wird in der Rauchgasentschwefelungsanlage (REA) durch Einsprühen von

Kalksuspension in Gips umgewandelt, der in der Baustoffindustrie Verwendung findet. Der notwendige Kalk wird ebenfalls per Schiff angeliefert.

3.5.4 Moorburg, Verbrennung, Dampferzeugung

Die trocken gelagerte Steinkohle wird aus dem Kohlebunker über Förderbänder den Kohlemühlen zugeführt, die das Kohlemehl dem Brenner zuführen, wo es mit hoher Temperatur optimal verbrannt wird. Die heißen Abgase erwärmen und verdampfen das Kesselwasser. Der Dampf wird in mehreren Verdampfungsstufen der Turbine zugeführt, bevor er seine Restwärme an die Fernwärmeerzeugung abgibt. Danach wird der Dampf im Kondensator wieder zu Kesselwasser kondensiert. Dieses wird wieder über die Kesselspeisepumpe in den Kessel eingespeist und der Verdampfungsprozess beginnt von neuem.

Abgase

Nachdem die Stickoxide im Entstickungsteil (Denox) entfernt wurden passiert das Rauchgas den Elektrofilter, wo fast alle Aschestäube entfernt werden. Nach dem Filter erfolgt die Rauchgaswäsche, in der der Schwefel in Gips umgewandelt wird. Am Ende verlassen fast nur noch Wasserdampf und CO_2 den Kamin, das Abgas ist komplett weiß (s. o., Bild von Moorburg).

Mit einer Erzeugung von 13 TWh Strom und 1,87 TWh Wärme pro Jahr erhält man **9505 kto CO_2/a.**

Reststoffe

- Aus der Denox wird Stickstoff entnommen, der der Düngemittelindustrie zugutekommt.
- Die Asche kann in der Zementindustrie und dem Straßenbau Verwendung finden.
- Der Gips wird von der Baustoffindustrie verwendet.

So finden alle Reststoffe ihre Wiederverwendung. Die Abfuhr erfolgt hauptsächlich per Schiff.

3.6 VERGLEICH MOORBURG MIT GASKRAFTWERK, HOLZHEIZUNG, HOLZKRAFTWERK

Der Vergleich der verschiedenen Erzeugungsarten weist nach, dass es keinen vernünftigen Grund gibt, Moorburg abzuschalten, es sei denn, man lügt sich bei der Wärmeerzeugung mit Holz in die Tasche, indem man die aus der Holzverbrennung resultierende CO_2-Erzeugung als nicht existent ansieht.

STROM- UND WÄRMEERZEUGUNG AUS HOLZ IST NACHHALTIG UMWELTSCHÄDLICH,

DIE CO_2-BILANZ ERHÖHT SICH SIGNIFIKANT (s. nachfolgende Tabelle):

	Einheiten	M Moorburg Strom	M Moorburg Fernwärme	W Wind	G Gas-Kombi-kraftwerk	K Kamin	H Holzofen	HHW Holz-Heizwerk	HKW Holz-Kraftwerk
Stromerzeugung	[TWh]	13	-	13 (volatil)	13	-	-	-	13
Wärmeerzeugung	[TWh]	-	1,872		1,872	1,872	1,872	1,872	1,872
Kraftwerksleistung	[MW]	1650	-	1650 (volatil)	1650	-	-	-	1650
Nutzwärmeleistung	[MW]	-	650	-	650	650	650	650	650
	Heiztage		180		180	180	180	180	180
CO_2/a	[kto CO_2/a]	9505	s. Strom	-	5532	4867	1217	973	14486
Nox	-	0 (Denox)	s. Strom	-	0 (Denox)	ja	ja	ja	0 (Denox)
CO	-	0	s. Strom	-	0	ja	ja	ja	0
Schwefel	-	Gips	s. Strom	-	Gips/ZnO	ja	ja	ja	0
Ascheverwendung	-	Zement	s. Strom	-	keine Asche	Garten	Garten	Garten	Garten
Abgase/Stäube	Austritt	nur CO_2	keine	-	nur CO_2	ja	ja	ja	ja
Achtung: Die CO2-Erzeugung beim Heizen erscheint gering, weil nur an 180 Tagen à 16 h geheizt wird; das Kraftwerk läuft aber 328 Tage durch!									

Abbildung 6, CO2-Vergleichstabelle der Erzeugungsarten (e.D.)

Strom- und Wärmeerzeugung aus Holz ist Spitzenreiter in der CO_2-Erzeugung, das Kohlekraftwerk ist 34% günstiger. Biomasse wächst zwar nach, aber bis ein Baum wieder die gleiche CO_2-Menge aufnehmen kann, die bei der Verbrennung abgegeben wird, vergehen 40 – 80 Jahre, eine Zeit die wir nicht haben, wenn CO_2 wirklich ein Problem darstellt. Wir dürfen daher Holz zur Verbrennung nur noch verwenden, wenn es als Abfall anfällt.

Nach dem Ausstieg aus der CO_2-freien Kernkraft hat die Kraftwerksindustrie alles getan, um schadstoffarme, bezahlbare, permanent verfügbare Energie bereitzustellen.

Daraus sind moderne Kohle- und Gaskombikraftwerke entstanden, mit Schwerpunkt auf der Kohle (Beispiel: Moorburg), weil Kohle preisgünstiger und, im Falle der Braunkohle, bei uns immer verfügbar ist.

Die aus thermischen Kraftwerken ausgekoppelte Fernwärme ist umweltfreundlich, weil sie

- beim Fernwärmeabnehmer keine Abgase, Stäube und Asche zurücklässt,
- bei einem Dampfprozess im Kohle- oder Gaskombikraftwerk den entspannten Dampf aus der Dampfturbine verwendet, der sonst im Wesentlichen im Kondensator heruntergekühlt werden muss.

Schaut man sich dann noch (s. oben) das optimale Arrangement von Moorburg an (trockene Kohle im geschlossenen Bunker, kurze Wege, alle Roh- und Reststoffe per Schiff an- und ab-transportierbar), erscheint es gänzlich unverständlich, warum dieses moderne Kraftwerk abgeschaltet wurde. Man will Erderwärmung verhindern, stürzt sich aber nur auf die Wirkung (CO_2), nicht die Ursache.

Es heißt ‚Erderwärmung‘ und nicht Erdvergasung, weil Erwärmung etwas mit Wärme zu tun hat und nicht mit dem mehr oder weniger starken Vorhandensein eines Treibhausgases (CO_2). Das CO_2 ist die Folge des Einsatzes von fossiler Energie; es entsteht bei Verbrennung von Kohlenstoffverbindungen. Es hat, wenn überhaupt, nur einen geringen Einfluss auf die Erderwärmung.

Der viel stärkere Effekt kommt von der Abwärme eines jeden technischen Prozesses, die sich entweder in der Luft oder im Wasser (z.B. bei Wasserkühlung aus offenen Gewässern) ausbreitet. Je nach Güte der Energieumsetzung, dem Wirkungsgrad, wird jeweils mehr oder weniger Wärme in die Umwelt abgegeben.

Verbessern wir den Wirkungsgrad eines jeden technischen Prozesses reduzieren wir die Erderwärmung. Daran müssen wir arbeiten. Wir sollten insgesamt Energie einsparen und Abgase möglichst vermeiden. Was möglich ist, habe ich in meinem Buch gezeigt.

Faule Tricks, indem man z.B. CO_2-Erzeugung mit Biomasse oder Holz als CO_2-neutral bezeichnet sollten wir nicht anwenden, da das an der tatsächlichen Abgasbilanz nichts ändert, wir lügen uns nur in die Tasche.

Moorburg und die anderen modernen Kohlekraftwerke wurden gebaut, weil man im Gegensatz zu allen anderen Ländern der Welt, unbegründet aus der Kernkraft ausgestiegen ist. Jetzt haben wir die modernsten Kohlekraftwerke der Welt und verschrotten die auch wieder zugunsten einer unsicheren (zu viele Flauten) Windenergie.

Die Kraftwerksindustrie und die Energieerzeuger haben nach dem Kernkraftausstieg moderne, preiswerte Steinkohlekraftwerke mit sehr viel weniger Abgas als früher gebaut und sollen die jetzt auch wieder verschrotten. Verständlich, dass man nun, statt massenhaft schadstoffärmere Gas-Kombikraftwerke zu bauen erst einmal wartet, bevor man andere Kraftwerke baut, die morgen auch wieder zu Dreckschleudern erklärt werden und dann verschrottet werden müssen.

Angesichts der hohen CO_2-Erzeugung in der Welt hat Deutschland (Stand 2019) insgesamt einen CO_2-Anteil von 2,26% und, nur bezogen auf den Kohleanteil, von 0,75%. Wenn wir radikal und schnell auf Kohlekraftwerke verzichten, passiert in der CO_2-Bilanz der Welt gar nichts, aber bei Dunkelflaute geht bei uns das Licht aus, weil die Windkraftwerke dann nichts erzeugen können.

DAS IST DAS GRÜNE WUNDER:

Ohne Moorburg geht das Licht aus und wir heizen umweltschädlich mit Buschholz!

Damit das nicht passiert, sollten wir die Kern- und Kohlekraftwerke weiter erhalten, <u>bis die Kernkraft übernimmt oder Wasserstoff großtechnisch preiswert erzeugt und verteilt werden kann</u>. Die Windkraft ist keine Lösung, sie fällt zu oft aus und ausreichend Speichermöglichkeiten gibt es nicht.

4. NACHWACHSENDE ROHSTOFFE

4.1 VORBEMERKUNG

Seit Menschengedenken hat der Wald dafür gesorgt, Sauerstoff zu produzieren, Menschen, Tieren und Pflanzen eine Heimat zu geben, Wetterphänomene zu dämpfen, einen Klimaausgleich zu schaffen und Rohstoffe vorzuhalten zum Bauen und Heizen.

Ackerland wurde dazu benutzt, Nahrungsmittel für die Menschheit herzustellen und keine Betriebsstoffe für technische Anwendungen.

Die Sonneneinstrahlung sorgte im Wald, auf den Feldern und in Gewässern dafür, dass die Pflanzen optimal wuchsen.

Holzt man Wälder ab, um Windräder aufzustellen oder Waldflächen anderweitig zu nutzen, stört man das Gleichgewicht der Natur.

Stellt man Photovoltaik-Paneele auf landwirtschaftliche Flächen sind diese für die Landwirtschaft verloren genau wie sie Wasserpflanzen abschatten, wenn man sie auf dem Wasser installiert.

Nutzt man biologische Produkte (außer dem Flüssigabfall zur Erzeugung von Methan) für die Energieerzeugung sind diese für die Ernährung verloren.

Mit aktuell (1.1.2021) 7,8 Milliarden Menschen auf der Welt müssen wir aufpassen, dass wir die Nahrungs- und Sauerstoffgrundlagen erhalten. Das ist nachhaltig **und** lebensnotwendig.

4.2 DIE WÄLDER DER WELT

Der Allgemeinzustand der Wälder ist sehr gut im WWF-Waldzustandsbericht 2011 zusammengefasst [5], *Zitate daraus kursiv (s. Kapitel 4.2.1 bis 4.2.5):*

4.2.1 *Allgemein*

Knapp ein Drittel der Landfläche der Erde ist mit Wäldern bedeckt. Wälder sind die artenreichsten Lebensräume der Welt. Von den *1,3 Millionen beschriebenen Tier- und Pflanzenarten leben etwa zwei Drittel im Wald. Zugleich sind Wälder Lebensraum und Lebensgrundlage für 1,6 Milliarden Menschen, darunter sind viele indigene Völker.*

Wälder bieten Schutz vor Erosion, Lawinen und Überschwemmungen und regulieren als natürliche Wasserspeicher den Wasserhaushalt.

Ein Drittel der weltgrößten Städte beziehen einen bedeutenden Teil ihres Trinkwassers aus Waldschutzgebieten.

Wälder speichern etwa die Hälfte des auf der Erde gebundenen Kohlenstoffs. Sie enthalten 20- bis 50-mal mehr Kohlenstoff in ihrer Vegetation als andere Ökosysteme.

Tropische Regenwälder sind dabei von besonderer Bedeutung. Sie bedecken zwar nur 7 % der Erdoberfläche, beherbergen aber 50 % aller Tier- und Pflanzenarten weltweit.

Ihre Bäume speichern um die Hälfte mehr Kohlenstoff als Bäume außerhalb der Tropen. Übernutzte Wälder und Plantagen verlieren diese Vorteile.

4.2.2   *Globale Waldzerstörung*

Die globale Waldfläche beträgt heute mit 4 Milliarden Hektar nur noch 65 % der ursprünglichen Waldbedeckung vor 8000 Jahren. Gerade noch ein Drittel davon besteht aus Urwäldern.

78 % der Urwälder wurden in den letzten 8000 Jahren zerstört, und jedes Jahr gehen weitere 4,2 Millionen Hektar Urwald verloren. Ebenso geht die Fläche der natürlichen Wälder zurück, während die Fläche der stark veränderten Wälder und Plantagen weltweit zunimmt.

In den 1980er und 1990er Jahren wurden jährlich 16 Millionen Hektar Wald vernichtet. In den 2000er Jahren ist die Entwaldung zwar leicht zurückgegangen, befindet sich aber mit 13 Millionen Hektar pro Jahr immer noch auf einem erschreckend hohen Niveau. Jedes Jahr werden damit Wälder in einer Größenordnung vernichtet, die der Fläche Griechenlands entspricht.

Der Waldverlust findet nahezu ausschließlich in den Tropen statt; in Europa, Nordamerika und vor allem China nimmt die Waldfläche dagegen zu. Netto betrug der Rückgang der weltweiten Waldfläche zwischen 2005 und 2010 daher 5,6 Millionen Hektar pro Jahr – dies entspricht der Fläche Kroatiens.....

4.2.3 *Ursachen des Waldverlusts*

Die drei Hauptursachen der Entwaldung sind die Expansion von Landwirtschaft und Infrastruktur sowie die Holznutzung.

Der Amazonas-Regenwald wird in Sojaplantagen und Rinderweiden umgewandelt. Knapp 20 % dieses einmaligen Lebensraumes sind bereits unwiederbringlich verloren. Geplante Straßenbaumaßnahmen drohen die Waldzerstörung weiter voranzutreiben.

In Indonesien werden die Wälder durch großflächigen Holzeinschlag für die Zellstoff- und Papierindustrie sowie durch die Umwandlung in Zellstoff- und Palmölplantagen zerstört. Das Land verlor seit 1990 ein Fünftel seiner Waldfläche.

Der Klimawandel wird den Druck auf die Wälder weiter verschärfen.

Die Häufigkeit und das Ausmaß von Dürren, Insektenbefall und Waldbränden werden deutlich steigen. So hat sich in Portugal die Zahl der Waldbrände von 1980 bis heute verzehnfacht. In den Tropen, wo Waldbrände natürlicherweise kaum auftreten, werden nun im Zuge der Brandrodung Millionen Hektar jährlich durch Feuer vernichtet.

4.2.4 *Folgen der Waldzerstörung*

Die Zerstörung der Wälder leistet einen bedeutenden Beitrag zum Klimawandel.

Änderungen in der Landnutzung, vor allem die Rodung und Degradierung tropischer Regenwälder, tragen circa 15 % zum weltweiten, vom Menschen verursachten Ausstoß von Treibhausgasen bei – mehr als der gesamte Verkehrssektor.

Ein besonderer Klimakiller ist die Zerstörung Kohlenstoffreicher Torfmoorwälder, die vor allem in Indonesien zu finden sind, denn noch Jahre nach deren Rodung werden weiterhin Treibhausgase aus den ehemaligen Waldböden freigesetzt.

Die rapide voranschreitende Zerstörung der Wälder ist eine der größten Bedrohungen für die weltweite Biodiversität.

86 % der gefährdeten Säugetier- und Vogelarten sind dadurch in ihrem Fortbestand bedroht. Auch die Menschen leiden unter dem Waldverlust: Indigene Völker verlieren ihre Lebensgrundlage.

Viele Naturkatastrophen der letzten Zeit, wie Überschwemmungen und Erdrutsche, werden auf Abholzungen zurückgeführt.

4.2.5   *Lösungen zum Erhalt der Wälder*

Um die letzten unberührten Naturwälder der Welt zu erhalten, setzt der WWF neben dem Aufbau effektiver Netze von Schutzgebieten, die unter Einbindung der Bevölkerung entwickelt werden, auf eine nachhaltige Bewirtschaftung der bereits genutzten Wälder. So gewährleistet das FSC-Zertifikat (Forest Stewardship Council), dass Holz und andere Waldprodukte aus einer verantwortungsvollen, umwelt- und sozialverträglichen Waldbewirtschaftung stammen.

Um die Umwandlung der Wälder in Agrarflächen einzudämmen, wurden mit dem Roundtable on Responsible Soy (RTRS) und dem Roundtable on Sustainable Palm Oil (RSPO) ähnliche Zertifizierungssysteme für die verantwortungsbewusste Produktion von Soja bzw. Palmöl entwickelt.

Allerdings müssen wir uns auch bewusst sein, dass die natürlichen Ressourcen begrenzt sind.

Damit die Entwicklungs- und Schwellenländer ihre Entwicklungsmöglichkeiten im Sinne einer globalen Gerechtigkeit wahrnehmen können, ohne dass weiterhin Wälder und andere wertvollen Ökosysteme verloren gehen, müssen die entwickelten Länder ihren übermäßigen Konsum einschränken und die vorhandenen natürlichen Ressourcen effizienter nutzen.

Beispiele hierfür sind das Recycling von Papier und Holz, aber auch eine Reduktion des Fleischkonsums, für den eine weit größere Fläche benötigt wird als für die Produktion anderer Nahrungsmittel.

In seiner politischen Arbeit setzt sich der WWF dafür ein, dass bedeutende holzverbrauchende Länder wie die europäischen Staaten oder die USA ihre internationale Verantwortung wahrnehmen und die holzproduzierenden Länder auf ihrem Weg zu einer verantwortungsvollen Waldbewirtschaftung unterstützen und die Einfuhr von illegal eingeschlagenem Holz gesetzlich verbieten.

Die Rolle der Walderhaltung für den Klimaschutz ist mittlerweile auch ein Thema in den internationalen Klimaverhandlungen. 2010 wurde auf der UN-Klimarahmenkonferenz in Cancun beschlossen, die Entwaldung und die dadurch entstehenden Treibhausgasemissionen zu stoppen.

Über das Finanzierungsinstrument REDD+ erhalten waldreiche Entwicklungsländer von den Industrieländern finanzielle Unterstützung, um die Entwaldung aufzuhalten und entgangene Entwicklungsmöglichkeiten zu kompensieren.

Um den Klimawandel insgesamt in einem erträglichen Rahmen zu halten, sind allerdings eine Senkung des Energieverbrauchs in den Industrieländern und eine höhere Energieeffizienz unabdingbar.

4.2.6 Wichtige Nebenaspekte der Walderhaltung

Entwicklungsländer, wie z.B. die Demokratische Republik Kongo, leiden gewaltig an den Folgen der Erosion fruchtbaren Landes, weil die Erde nach Vernichtung des Urwaldes zur Landnutzung bei den jährlichen, sintflutartigen Monsunregen, weggewaschen wird. Dadurch ist nicht nur die Landwirtschaft eingeschränkt, sondern auch der Betrieb der Wasserkraftwerke in Gefahr, da die oberwasserseitigen Speicher verlanden. Ein Wiederaufforstungs-, Schlammentfernungs- und -verwertungsprogramm würde auch hier helfen, Schäden an der Volkswirtschaft zu verringern.

4.2.7 Aktueller Waldzustand in der Welt

Nachfolgende 2 Tabellen zeigen die größten jährlichen Waldzu- und Abnahmen in der Welt zwischen 2010 und 2020 aus dem FAO-Report Global Forest Resources Assessment 2020 [6]:

Es ist unglaublich: China ist Weltmeister in der Aufforstung seiner Wälder und der Erzeugung von CO2. Sie planen langfristig und sorgen dafür, dass im Rekordtempo weitere CO2-Senken hinzugebaut werden, um das erzeugte CO2 zu kompensieren.

Auf den weiteren Plätzen folgen Australien, Indien, Chile, Vietnam, Türkei, USA, Frankreich, Italien und Rumänien. Deutschland liegt beim Zuwachs, laut der Schutzgemeinschaft Deutscher Wald, bei 50000 ha in den letzten 10 Jahren, also bei 0,005 Mio. ha/a.

Auf der anderen Seite kauft China alles auf, was es am Weltmarkt an Holzprodukten finden kann.

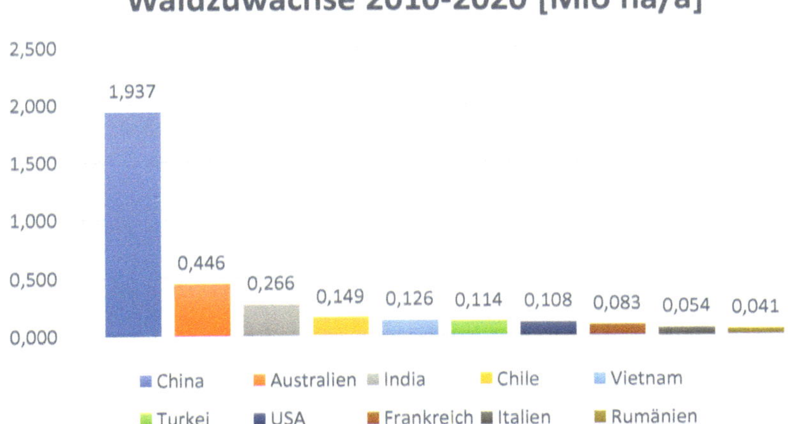

Abbildung 7, FAO Report Global Forest Res. Ass. 2020, Forest growth (e.D.)

Große Waldverluste gibt es dagegen bei den ärmeren Ländern, deren Waldflächen etwa durch Großgrundbesitzer (Brasilien) genutzt werden, um Holz zu verkaufen und landwirtschaftliche Produkte zu erzeugen. Oft geschieht die Rodung nicht nur mit der Säge, sondern auch durch Brandrodung, die allein 15% des weltweiten CO2-Ausstoßes ausmacht, mehr als der gesamte Weltverkehr zusammen.

In der Demokratischen Republik Kongo wird massenhaft Tropenwald eingeschlagen, um es als Bauholz für China und Vietnam zu verwenden. Danach werden die Flächen für eigene Landwirtschaft oder neue Palmölplantagen genutzt.

Die anderen afrikanischen Staaten Angola, Tansania und Mosambik exportieren Holz zur Staatsfinanzierung und nutzen die Flächen danach landwirtschaftlich.

Paraguay und Bolivien exportieren hauptsächlich Hartholz.

Myanmar und Kambodscha liefern Bauholz nach China.

In Indonesien wird sehr viel Tropenholz exportiert, um danach auf den freiwerdenden Flächen Palmölplantagen anzulegen.

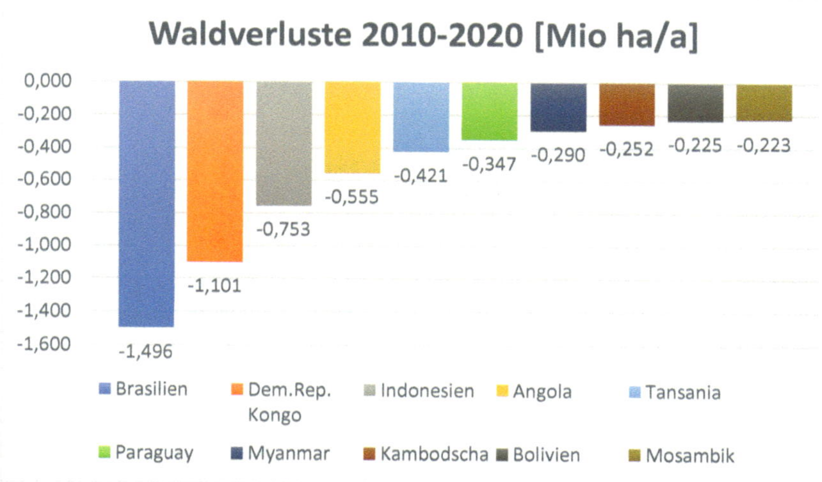

Abbildung 8,FAO Report Global Forest Res. Ass. 2020, Forest losses (e.D.)

Erfreulich ist, dass sich weltweit das Bewusstsein gewandelt hat und die Länder mehrheitlich begreifen, dass wir den Wald wieder aufbauen müssen, um unsere Lebensgrundlagen zu erhalten. Daher gehen die Weltwaldbestände derzeit zwar weiter zurück, aber langsamer als in den Jahren zuvor (s. nachfolgende Tabelle):

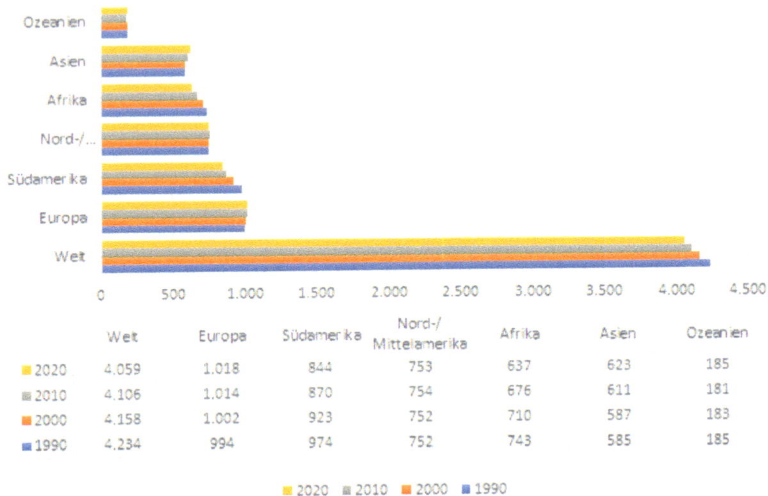

	Welt	Europa	Südamerika	Nord-/ Mittelamerika	Afrika	Asien	Ozeanien
2020	4.059	1.018	844	753	637	623	185
2010	4.106	1.014	870	754	676	611	181
2000	4.158	1.002	923	752	710	587	183
1990	4.234	994	974	752	743	585	185

Abbildung 9, Weltwaldbestand aus Statista (e.D.)

Helfen wir mit, dass weltweit wieder Wald angepflanzt wird, um die Lebensgrundlage für Mensch und Natur zu erhalten. Ohne CO2-Senken mit Sauerstofferzeugung ist in der Welt kein Leben möglich.

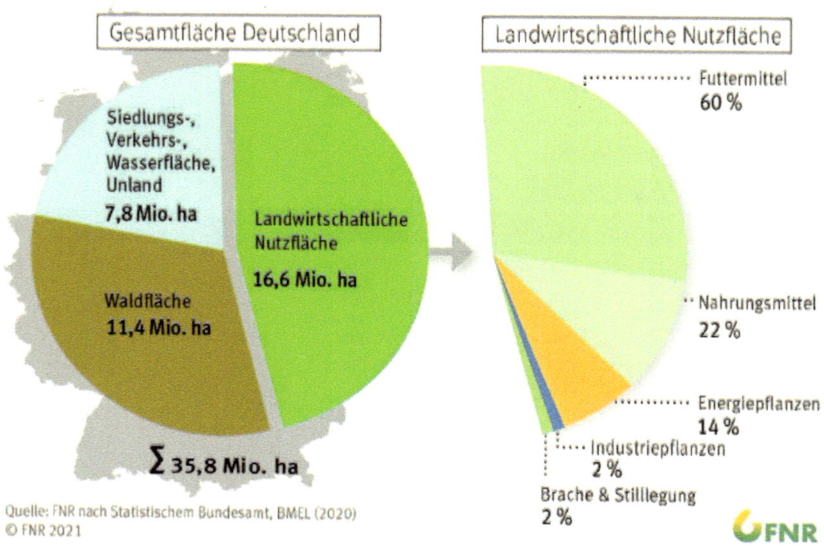

Abbildung 10, Nachwachsende Rohstoffe in Deutschland (FNR)

Die Fachagentur nachwachsende Rohstoffe e.V. (FNR) erstellt im Auftrag der Bundesregierung Statistiken über die Nutzung dieser Ressourcen, deren Einzelelemente ich, sofern sie mit Energieverbrauch oder -erzeugung zu tun habe, im nachfolgenden Kapitel beschreibe. Das ergibt einen Überblick über die hierzulande verwendeten Materialien.

4.3.1 Holznutzung in Deutschland

Aufgrund von Stürmen, Trockenheit, Schäden durch Käferbefall und großer Nachfrage wurde der Holzeinschlag 2020 auf 80,4 Mio m³ erhöht.

Dieser Rekordeinschlag führte nicht etwa zu einer Verbesserung des Holzangebotes in Deutschland. Nein, das Ausland, insbesondere jene Länder, die im Rekordtempo aufforsten (s.o.) kauften den Markt leer. Seit 2015 (3,8 Mio. m³) hat sich damit die deutsche Exportmenge 2020 um 238% auf 12,7 Mio. m³ erhöht.

Die Erzeugerpreise für Holz sinken im Vergleich zu 2015 trotzdem kontinuierlich (-27,3%) aber die Verkaufspreise (+18,3%) von Schnittholz erklimmen immer größere Höhen.

Bauholz ist zurzeit (Juli 2021) auf dem heimischen Markt so knapp, dass Zimmerleute ihre Aufträge strecken oder verschieben müssen.

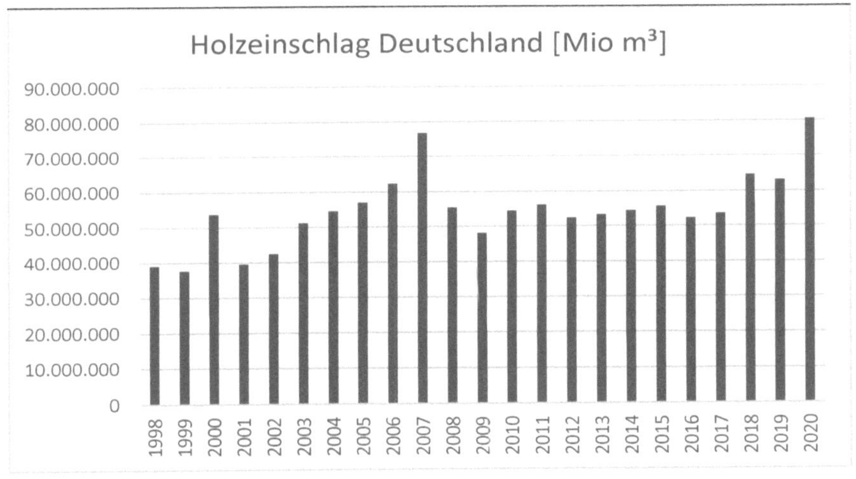

Abbildung 11, Holzeinschlagstatistik 2020 Stat. Bundesamt (e.D.)

Dennoch ist der Waldbestand bei uns in den letzten Jahren mit 11,4 Mio. ha relativ konstant geblieben und hat in den letzten 10 Jahren nur um 50 000 ha zugenommen. Bleibt es allerdings bei der Trockenheit oder wird diese noch durch Windräder verstärkt, wird der Bestand zurückgehen.

Das Umweltbundesamt hat 2019 eine Tabelle erstellt, die den Holzeinschlag nach dessen Zweckbestimmung aufschlüsselt:

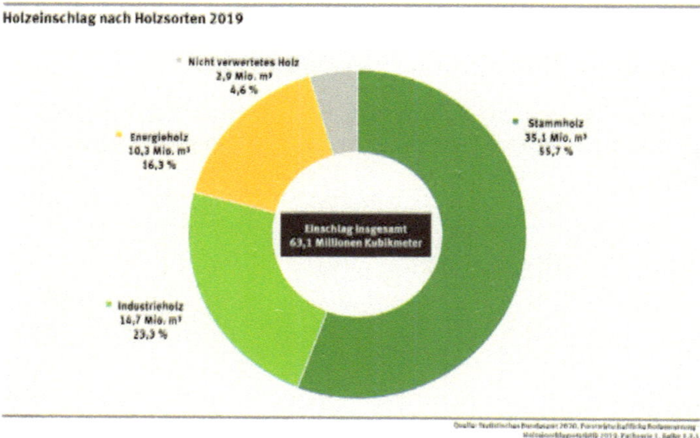

Abbildung 12, Holzeinschlag 2019 nach Holzsorten (UBA)

Industrieholz wird gehäckselt und findet Verwendung in der Zellstoff- und Papierindustrie, als Holzwolle oder in Span- und Faserplatten.

Energieholz wird zur Energieerzeugung herangezogen.

Stammholz wird zu Baustoffen verarbeitet.

Schadholz ist durch Stürme, Trockenheit und Käfer geschädigtes Holz, das oft ungenutzt im Wald vor sich hin modert:

Abbildung 13, Schadholz, Waldlagerung

Verbleibt dieses Holz im Wald zieht es weitere Schädlinge an und vermodert langsam, wobei es genauso viel CO2 freisetzt wie bei der Verbrennung. Das muss vermieden werden.

Insgesamt brauchen wir ein Waldaufforstungs-, Diversitäts- und -putzprogramm um wieder einen gesunden Bestand zu bekommen. Windräder sollten nicht hinzugebaut bzw. abgebaut werden. Das vermeidet Trockenheit, Bodenversiegelung (Fundamente, Straßen), Flächenverlust und tötet keine Insekten, Fledermäuse und Vögel.

4.3.2   Pflanzen zur Energieerzeugung (Allgemein)

Hier beschäftigen wir uns mit den Energiepflanzen (14% von Abbildung 10), die zur Herstellung von

- Festbrennstoffen
- Biogas
- Bioethanol
- Biodiesel

verwendet werden.

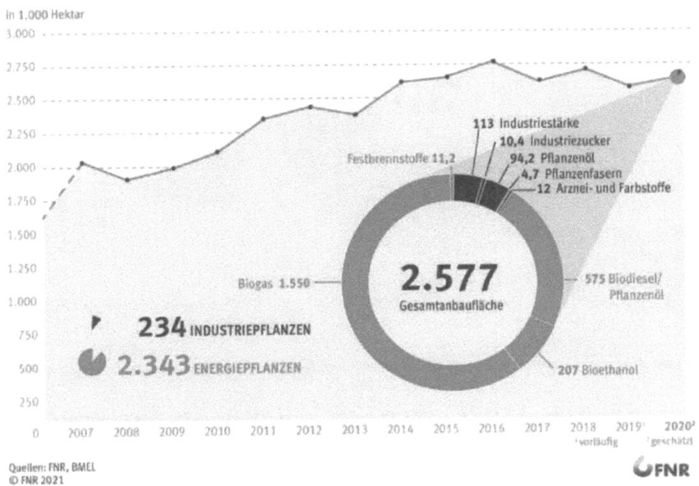

Abbildung 14, Pflanzen zur Energieerzeugung (FNR)

4.3.3   Festbrennstoffe (Elefantengras/Agrarholz)

Elefantengras, Chinaschilf oder Miscanthus [9] ist eine schnell-wüchsige, winterharte Graspflanze, die sehr hoch (3-4m) werden kann. Man schätzt 15000kg/ha Trockenmasse/Ernte über eine Nutzungsdauer von 20 Jahren. 1 ha Anbaufläche ersetzt 3000 - 7000 Liter Heizöl. Elefantengras wird trocken geerntet und als Häckselgut verkauft. Energieinhalt: 2,23 kg Miscanthus mit einem Wassergehalt von 14% entsprechen dem Heizwert von 1 Liter Heizöl extra leicht.

Agrarholz sind schnell wachsende Baumarten wie Pappeln, Weiden oder Robinien, die auf Feldern angebaut werden.

4.3.4   Aufteilung fossile und Biokraftstoffe

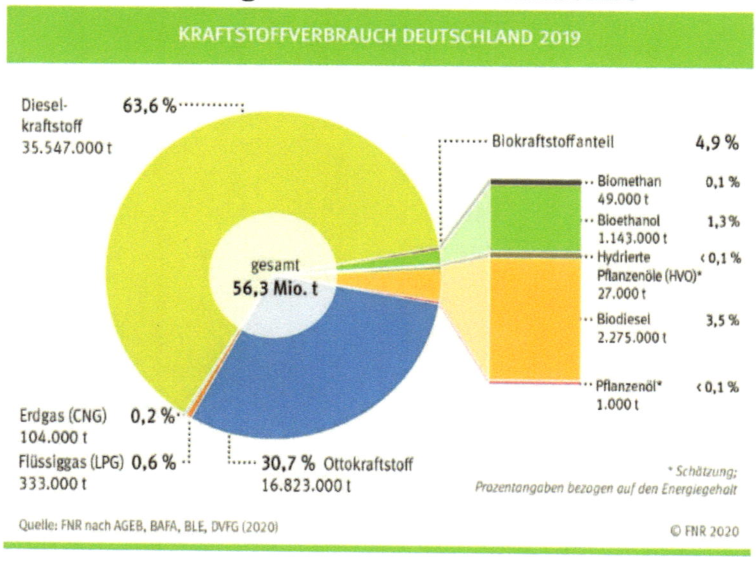

Abbildung 15, Anteil fossile und Biokraftstoffe (FNR)

Obige Abbildung zeigt die derzeitige Aufteilung zwischen fossilen und Biokraftstoffen 2019. Der Bioanteil beträgt 4,9%.

4.3.5   Biomethan (49 000 t)

Nach der Aufbereitung [10] ist Biomethan (auch Bioerdgas genannt) nahezu identisch mit Erdgas, weshalb es in Deutschland fast ausschließlich ins Erdgasnetz eingespeist wird, wo es zur Strom- und Wärmegewinnung aber auch als Kraftstoff verwendet werden kann. **Laut Definition als klimaneutraler Energieträger trägt Biomethan, im Gegensatz zum chemisch identischen Erdgas, nicht zur Erderwärmung bei.** Laut FNR könnte der Biomethananteil 2030 auf bis zu 40% des aktuellen Gasverbrauches ansteigen, wenn das gesamte Biomassepotential an tierischen Exkrementen, Energiepflanzen, Stroh-, Grünland sowie kommunalen und industriellen Reststoffen zur Biomethanerzeugung genutzt werden würde.

Biomethan entsteht laut FNR durch die Aufbereitung von Biogas, bei der im Wesentlichen das Begleitgas Kohlendioxid mittels verschiedener technischer Verfahren aus dem Rohbiogas abgetrennt und das entstandene Produktgas von weiteren Bestandteilen gereinigt wird.

In [11] hat FNR die technischen und wirtschaftlichen Kennzahlen von Biomethan sowie die möglichen Anwendungen/Biomethanerträge aus landwirtschaftlichen Produkten und Tierexkrementen zusammengetragen.

4.3.6   Bioethanol (1.143.000 t)

Bioethanol [12] ist ein aus Getreide, Zuckerrüben, Mais gewonnener Biokraftstoff, der hierzulande Ottokraftstoffen beigemischt wird und dann als

      o   E5   (Super-Kraftstoff mit   5% Ethanol Anteil)
      o   E10 (Super-Kraftstoff mit 10% Ethanol Anteil)

Ethanol hat ein Drittel weniger Energieinhalt als Ottokraftstoff und erhöht als beigemischte Komponente den Dampfdruck des Kraftstoffes, dem insbesondere im Sommer, mit geeigneten Maßnahmen begegnet werden muss.

4.3.7 Hydrierte Pflanzenöle HVO (27.000 t)

Laut FNR werden hydrierte Pflanzenöle aus Pflanzenöl [13] mittels katalytischer Reaktion unter Zugabe von Wasserstoff in Kohlenwasserstoffe umgewandelt. Dieser Kraftstoff kann dann als Reinkraftstoff oder als Beimischung in der Automobilwirtschaft oder der Luftfahrtbranche verwertet werden.

4.3.8 Biodiesel (2.275.000 t)

Biodiesel [14] wird dem Dieselkraftstoff bis max. 7% beigemischt, mit jedem Liter Dieselkraftstoff tanken wir die Komponente Biodiesel. Darauf wird mit einem Aufkleber (B7) separat hingewiesen. Schon im Jahr 2008 warnte der TÜV davor, ältere Fahrzeuge mit Biodiesel zu betanken, da Dichtungen im Kraftstoffsystem angegriffen werden und die Schmierwirkung herabgesetzt werde.

Bei uns wird Biodiesel hauptsächlich aus Raps erzeugt, in Asien aus Palmöl und in Südamerika aus Sojapflanzen.

Laut FNR setzen einige Speditionen Biodiesel in Reinform ein (100%), allerdings braucht es dafür eine Freigabe der Motorenhersteller und eine Anpassung des Motors.

4.3.9 Pflanzenöl (1000 t)

Eine bisher noch unbedeutende Variante des Pflanzenöleinsatzes ist die direkte Verwendung als Pflanzenölkraftstoff [15]. Allerdings ist hier auch wieder eine Anpassung des Motors erforderlich.

5. ENERGIEQUELLEN UND -VERBRAUCH IN DEUTSCHLAND

Das Umweltbundesamt (UBA) stellt jährlich, mit etwas Zeitverzug, um gesicherte Daten zu verwenden, die Energieverbrauchsdaten, die genutzten Ressourcen und die Schadstoffbilanzen für die einzelnen Nutzungsbereiche in Deutschland zusammen, aus der man die historische Entwicklung des Energieverbrauchs ersehen kann:

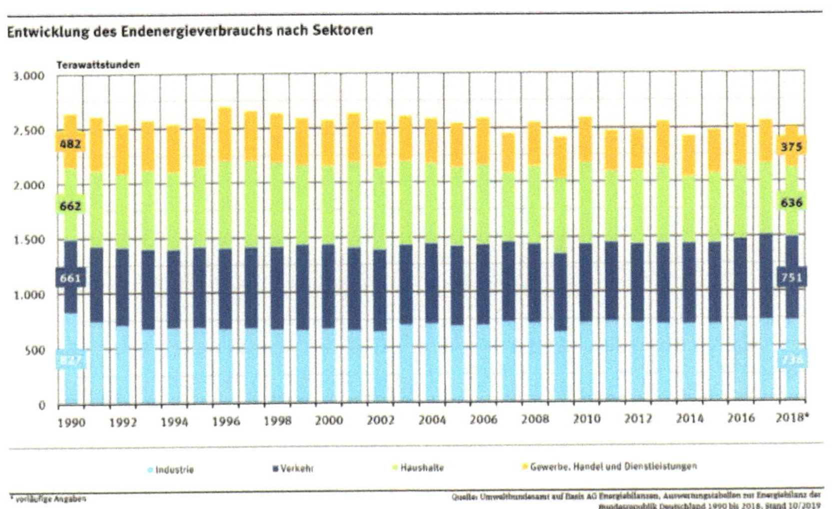

Abbildung 16, Zeitreihe Energieverbrauch nach Sektoren 2018 (UBA)

Man sieht, dass der Energieverbrauch seit 1990 in Gewerbe, Handel und Dienstleistungen (GHD-ockerfarben) und Industrie (hellblau) deutlich gesunken ist, bei den Haushalten (hellgrün) nahezu gleichblieb, nur im Verkehr (dunkelblau) ist er angestiegen.

Ergebnis: Trotz steigender Wirtschaftsleistung seit 1990 haben sich die Energieverbräuche überall in Deutschland, mit Ausnahme des Verkehrs, reduziert, bzw. sind in den Haushalten gleichgeblieben.

Für das Jahr 2019 (2020 liegt noch nicht vor) ergeben sich daher folgende Energieverteilungen:

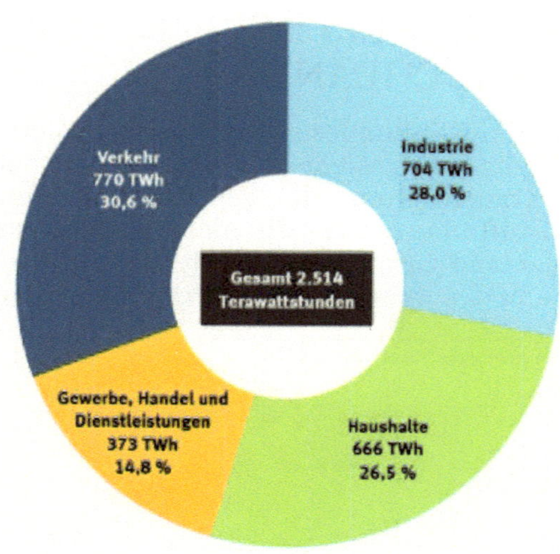

Abbildung 17, Energieverteilung 2019 nach Sektoren (UBA)

Die Veränderungen 1990 gegenüber 2019 betragen:

	1990 [TWh]	2019 [TWh]	Veränderung [%]
• GHD	482	373	-23,0
• Haushalte	662	666	+ 0,6
• Industrie	827	704	-15,0
• Verkehr	661	770	+16,5

In den folgenden Kapiteln werden die einzelnen Sparten nach ihren Energieverbräuchen aufgelistet und danach die verschiedenen Energienutzungen in Bezug auf Effizienz-, Einspar- sowie Schadstoffreduktionsmöglichkeiten analysiert.

5.1 GEWERBE, HANDEL, DIENSTLEISTUNGEN (G, H, D)

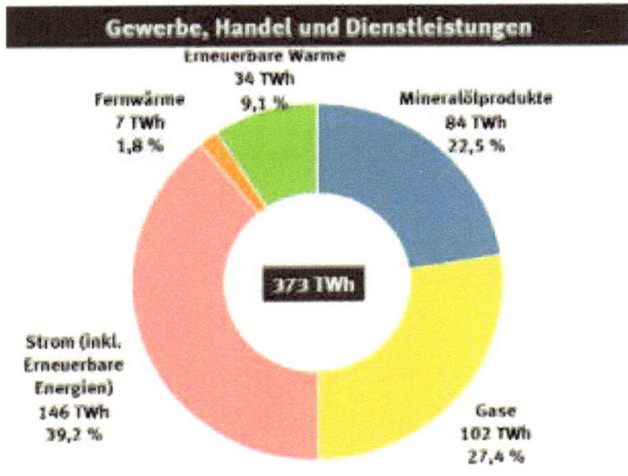

Abbildung 18, Energieaufteilung G, H, D 2019 (UBA)

Obige Grafik zeigt die Verteilung der einzelnen 2019 genutzten Energiearten im GHD-Bereich. Die Arbeitsgemeinschaft Energiebilanzen (AGEB) analysiert regelmäßig im Auftrag der Bundesregierung, welche Energiearten für welche Anwendungen genutzt werden. Die zu obiger Tabelle passende Energiebilanz wurde im Februar 2021 in [16] veröffentlicht.

Im Gewerbe verbrauchen kleine Industrie- und Handwerksbetriebe wenig Gas für Prozesswärme, nutzen Strom für ihre Maschinen, Mineralölprodukte für ihre Fahrzeuge, Fernwärme, erneuerbare Wärme und Gase für die Heizung.

Im Handel dominieren die großen Super- und Baumärkte mit Raumwärme aus Fernwärme, erneuerbarer Wärme und Gas, Klima-, Prozesskälte, Beleuchtung und Informations-/Kommunikationstechnik aus Strom sowie Mineralölanwendung im Lieferverkehr durch Lkws.

Der Dienstleistungssektor umfasst Banken, Versicherungen, freie Berufe, den öffentlichen Dienst, Tourismus und Gesundheitswesen. Daher dominiert hier die Raumwärme aus Fernwärme, erneuerbarer Wärme oder Gasen, gefolgt vom Strom für Informations-, Kommunikations-, Medizintechnik sowie Beleuchtung und letztendlich Mineralölprodukte für die eingesetzten Fahrzeuge.

5.2   HAUSHALTE

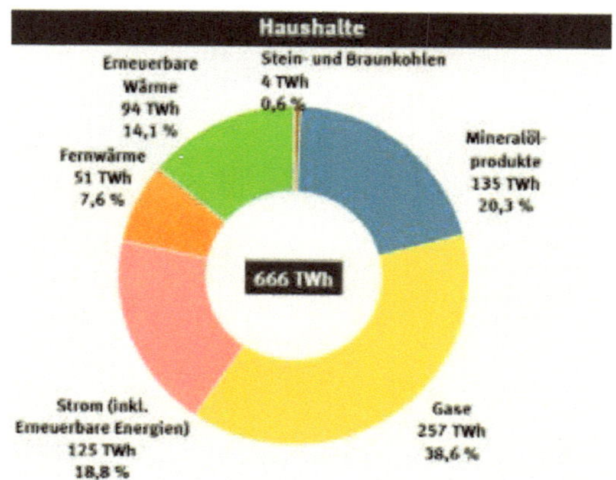

Abbildung 19, Energieaufteilung Haushalte 2019 (UBA)

Der Hauptenergiebedarf im Haushalt wird immer noch für die Wärme- und Warmwassererzeugung benötigt (83,5%), die per Fernwärme, erneuerbare Wärme (Holz- und Pelletheizungen bzw. Biogase), Heizöl, Erdgas und noch ein wenig Kohle bereitgestellt wird. Bei den Heizkosten macht sich bemerkbar, dass in den letzten Jahren sehr viel für die Wärmedämmung und effizientere Heizsysteme getan wurde.

Klima- und Prozesskälte zur Klimatisierung (4,6%) werden nur in geringem Masse eingesetzt, mechanische Energie (0,9%) nur für Servoantriebe und die Hobbywerkstatt.

Ein stetig zunehmender Anteil an Strom wird von der Informations- und Kommunikationstechnik (3,3%) verbraucht, der Beleuchtungsanteil beim Strom (1,6%) ging durch effizientere, aber auch teurere Leuchtmittel zurück.

Hauptgrund dafür, dass der Energieverbrauch im Haushalt insgesamt ziemlich konstant blieb, war die Zunahme der Wohnfläche von 2741 Mio. m² (1990) auf 3719 Mio. m² (2018), also eine Zunahme der Wohnfläche um 36%. Das beweist, dass heute bereits sehr viel energieefizienter gebaut wird als 30 Jahren.

5.3 INDUSTRIE

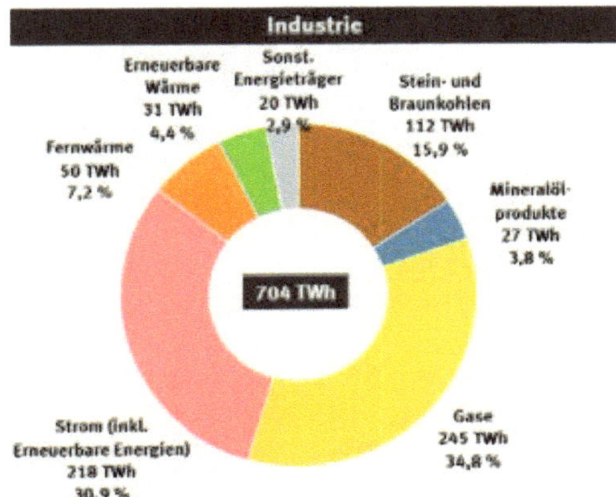

Abbildung 20, Energieaufteilung Industrie 2019 (UBA)

Wesentliche Ursachen für den Verbrauch waren die Prozesswärme für Chemie, Metallerzeugung und Umwandlung, Fern- und erneuerbare Wärme für Heizung und Warmwasser sowie Strom für den Betrieb von Maschinen, Motoren und Informationstechnik. Nur 2,1% der aufgewandten Energie bezogen sich auf die Prozeßkälte, 1,3% auf Beleuchtungszwecke.

5.4   VERKEHR

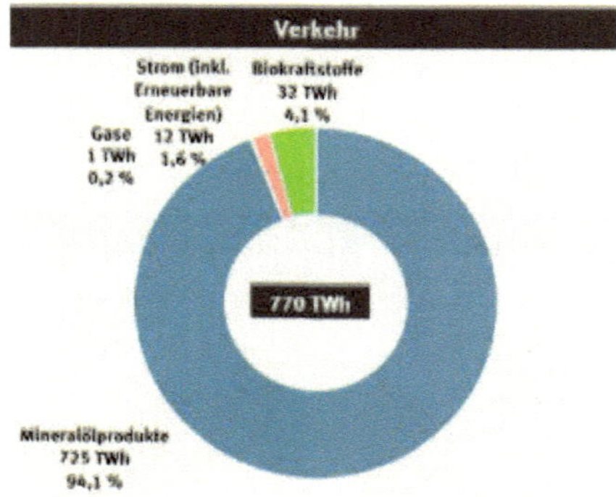

Abbildung 21, Energieaufteilung Verkehr 2019 (UBA)

Die Bahn wird im Wesentlichen mit Strom angetrieben, alle anderen Fahr- und Flugzeuge mit Mineralölprodukten, Gasen oder Biokraftstoffen, wobei ein geringer Teil der Fahrzeuge bereits Elektroantriebe besitzt.

6.   ENERGIEANWENDUNGEN (2514 TWH)

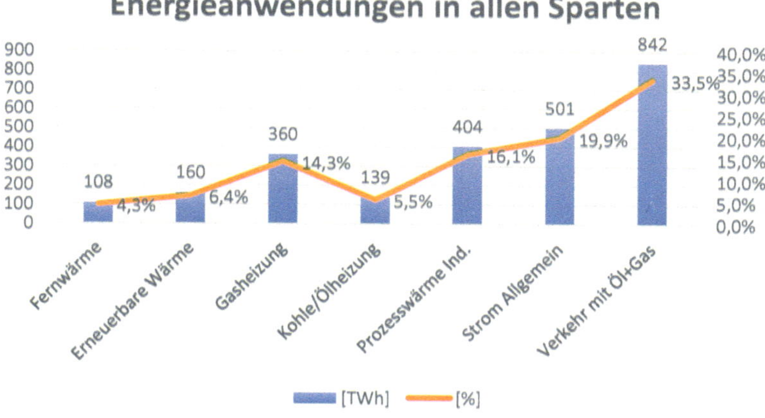

Abbildung 22, Energieanwendungen in allen Sparten 2019 (e.D.)

Die in Kapitel 5 aufgeführten Energiearten wurden dort von der Arbeitsgemeinschaft Energiebilanzen (AGEB) den einzelnen Energieanwendungen zugeordnet und dementsprechend hier neu gruppiert. Somit bleibt die Gesamtsumme des Energieverbrauches 2019 mit 2514 TWh (100%) gleich (s. Abbildung 22, Energieanwendungen in allen Sparten 2019 (e.D.)). Diese werden nachfolgend im Detail beschrieben.

O.g. Energieanwendungen sind im Folgenden aufgegliedert in

- Wärmeerzeugung
- Stromerzeugung
- Verkehr mit Öl + Gas.

Anmerkung: Laut AGEB wird das Mineralöl bei G, H, D ausschließlich für Fahrzeuge verwendet (770 TWh-Verkehr + 84 TWh Mineralöl G, H, D = 854 TWh). Zieht man den Verkehrsstrom mit 12 TWh von o.g. Betrag ab erhält man 842 TWh (Verkehr Öl+Gas).

7. WÄRMEERZEUGUNG

7.1 FERNWÄRME (108 TWH, 4,3%)

Die klassische Fernwärme stammt von Braunkohle- und Steinkohlekraftwerken, deren in den Turbinen abgearbeiteter Dampf noch so viel Energie enthält, dass er sie an Heißwasser zur Fernwärmeerzeugung abgeben kann und somit auch den Wirkungsgrad dieser thermischen Kraftwerke von (bei reiner Stromerzeugung, z.B. Kraftwerk Moorburg) 46,5% auf über 60% (Strom- und Wärmeerzeugung) anheben kann. Schaltet man die Kohlekraftwerke ab muss die Kohle durch andere Brennstoffe ersetzt werden. In vielen Fällen hat man das schon gemacht und Kohle durch Müll, Erdgas, Biomasse oder Prozessabwärme (z.B. aus Chemie- oder Stahlindustrie) ersetzt, was einen enormen zusätzlichen Investitionsaufwand bedeutet. Da Kohle eine viel höhere Energiedichte hat als alle anderen Brennstoffe müssen komplette Kraftwerke neu gebaut werden, weil Kessel und Turbinen nicht mehr wiederverwendet werden können.

Grundsätzlich sollten sich Fernwärmeabnehmer nah am Erzeuger befinden, was z.B. in Städten mit einer hohen Wohndichte von Vorteil ist, mit größeren Abständen zum Wärmeerzeuger wird Fernwärme unwirtschaftlich.

Allerdings sind mittlerweile auch kleinere Netze mit Biogasanlagen im ländlichen Raum realisiert worden.

Aktuell sind Abschalttermine von Kohlekraftwerken gemäß Kohleausstiegsgesetz vorgesehen. Neubauten, um diese Kraftwerke zu ersetzen sind aber zum großen Teil noch nicht einmal geplant, was zu enormen Problemen bei der Wärmeversorgung führen wird.

7.2 ERNEUERBARE WÄRME (160 TWH, 6,4%)[1]

Als erneuerbare Wärme [19] bezeichnet man die thermische Energie für Heizen, Kühlen und Warmwasserbereitung, die durch erneuerbare Energien wie Geothermie, Solarthermie oder Bioenergie gewonnen wird. Zudem wird die indirekte Nutzung der Sonnenenergie durch Solartechnik hinzugezählt.

Das Umweltbundesamt hat die 2020 genutzten erneuerbaren Energien in Abbildung 23 dargestellt. Der erneuerbare Wärmeanteil betrug da schon 180 TWh, das sind 7,2% der gesamten Energienutzung.

---

[1] Das Umweltbundesamt braucht i.d.R. 2 Jahre, um Gesamtstatistiken zu veröffentlichen, weshalb der Gesamtüberblick zur Energieversorgung gemäß Kapitel 5 und 6 von 2019 stammt und kleinere Einzelaufstellungen wie hier von 2020.

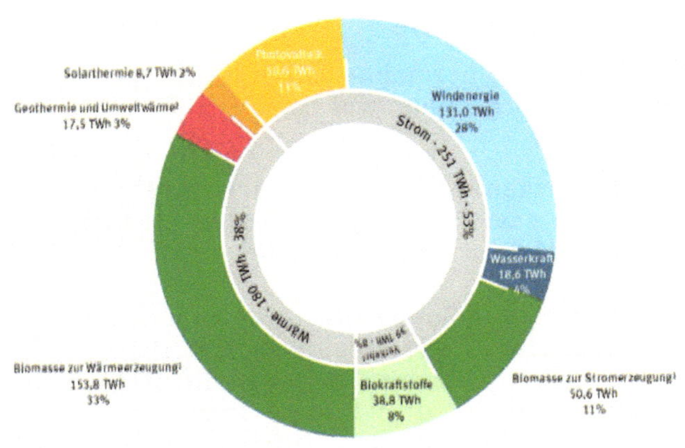

Abbildung 23, Erneuerbare Energieerzeugung 2020 (UBA)

7.2.1 Geothermie

Geothermie nutzt die Erdwärme aus dem flüssigen Erdkern, die je 100 m Tiefe um 3°Kelvin zunimmt.

Bei Bohrtiefen von bis zu 400 m spricht man von oberflächennaher Geothermie, die in der Regel durch Energieumwandlung mittels Wärmepumpen genutzt wird.

Bei größeren Tiefen, z.B. 5 000 m mit einer Temperatur von 150°C, spricht man von Tiefengeothermie, die man beim Vorhandensein von Wasser direkt zur Wärmeerzeugung nutzen kann.

In Island, wo dieses Wasser bereits seit ewigen Zeiten auf natürlichem Wege emportritt, nutzt man es zum Heizen und in Kraftwerken zur Stromerzeugung. Bei uns kann es problematisch sein, wenn durch das Bohren die Druckverhältnisse im Untergrund verändert werden, was zu Geländesetzungen und Erdbeben sowie damit verbundenen, erheblichen Bauschäden, führen kann. Auch die Wasserversorgung durch Grundwasser kann betroffen sein, wenn sich das Wasser aufgrund der Bohrungen neue Wege sucht.

Der Anteil der Geothermie am Energieverbrauch betrug 2020 17,5 TWh.

7.2.2   Solarthermie

Mit Solarthermie bezeichnet man die Wärmeerzeugung aus direkter Sonneneinstrahlung, was beim

- Niedrigenergiehaus bedeutet, das Haus wärmetechnisch so zu gestalten, dass wenig bis gar keine Zusatzenergie fürs Heizen erforderlich ist,

- Nutzen von Solarkollektoren zum Anwärmen eines Wärmeträgers führt, der die Solarwärme in einen Wärmespeicher übergibt. Dort wird das Brauch- und Heizwasser entweder direkt angewärmt oder mithilfe einer Zusatzheizung auf Gebrauchstemperatur angehoben.

Die Solarthermie spart auf alle Fälle Heizenergie, man muß nur aufpassen, dass man beim Isolieren nicht übertreibt bzw. im Sommer für genügend Lüftungsmöglichkeiten sorgt, ansonsten hilft nur eine Klimaanlage, um die Überschusswärme wieder aus dem Haus zu schaffen.

2020 trug die Solarenergie mit 8,7 TWh zur Energieerzeugung bei.

7.2.3   Wärmeerzeugung durch Biomasse

Die Biomasse hat 2020 mit 153,8 TWh zur Wärmeerzeugung beigetragen. Sie ist per Definition bei der Verbrennung dann CO_2 neutral, wenn das Verbrannte wieder nachwächst.

Allerdings warnt auch das Umweltbundesamt vor dem Effekt, Biomasseflächen zur Erzeugung von Biokraftstoffen auf Kosten der Nutzflächen zur Waldwirtschaft und Nahrungsmittelerzeugung zu reduzieren, weil das Lebensmittelversorgungssicherheit und die Ökobilanz (CO_2-Verbrauch und Sauerstofferzeugung) negativ verändern kann.

Dies ist z.B. schon in den Ländern der Fall (s. Kapitel 4.2.7), in denen nach Abholzung der Wälder Nutzflächen zur Futtermittelproduktion, Biokraftstoff- und Palmölerzeugung entstehen. Diese Materialien wachsen zwar schneller nach als Holz, besitzen aber nicht dessen CO_2-Speicherfähigkeit.

Wenn dann die Abholzung auch noch durch Verbrennung des Baumbestandes erfolgt, steigt die CO_2-Bilanz mit, aktuell 15%, der weltweiten CO_2-Erzeugung/a.

Folgende Biomasseerzeugnisse werden zur Wärmeerzeugung verwendet:

- **Energieholz**

Die Hackschnitzel von Holz (s. Kapitel 4.3.1) und Elefantengras (s. Kapitel 4.3.3) können entweder roh oder als Pellets in Holzöfen oder Holzheizanlagen verbrannt werden. Gemäß Kapitel 3.1 ist die CO_2-Bilanz sehr hoch, wenn man den Kunstgriff vermeidet, CO_2-Verbrennung aus Holz als CO_2-neutral zu bezeichnen, was sie zumindest auf der Zeitschiene (Holz braucht 40 – 80 Jahre zum Nachwachsen, Elefantengras ca. 1 Jahr) nicht ist.

- **Biomethan**

Biomethan entsteht aus der Vergärung von Energiepflanzen, Gülle, Mist und organischen Abfällen. Chemisch ist es identisch mit Erdgas und kann deshalb wie Erdgas in einer Gasheizung genutzt werden.

7.2.4 Wärmepumpe

Eine Wärmepumpe funktioniert ähnlich wie ein Kühlschrank (s. nachfolgende Grafik [20] des Bundesverbandes Wärmepumpen e.V., bwp), nur umgekehrt. Beim Kühlschrank wird dem Kühlgut Wärme entzogen und nach draußen befördert, bei der Wärmepumpe wird Wärme der Umwelt entzogen und im Innern des Hauses zum Heizen genutzt. Die Antriebsenergie der Wärmepumpe muss von außen zugeführt werden, im sehr seltenen Idealfall von Photovoltaikanlagen oder Windkraftwerken, bei Dunkelflaute oder ohne andere Energiequellen direkt aus dem Stromnetz.

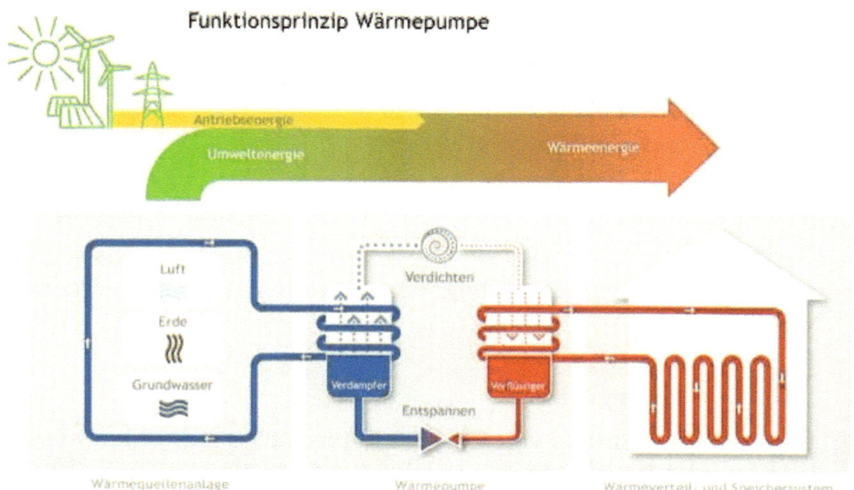

Abbildung 24, Prinzipschaltbild Wärmepumpe (bwp)

Die Umweltwärme aus der Luft wird mittels eines Ventilators direkt dem Verdampfer der Wärmepumpe zugeführt, bei Erde- oder Grundwasserwärmepumpen geschieht dies mit Hilfe einer Wärmeträgerflüssigkeit, meist eine Sole, um im Winter das Einfrieren des Wärmeträgerkreislaufes zu verhindern.

Eigentliches Arbeitsmedium der Wärmepumpe ist ein Kühlmittel, das die Umweltwärme über einen Wärmetauscher auf das Kältemittel überträgt, das dadurch verdampft. Der Kältemitteldampf wird sodann zu einem Verdichter geführt, der das Kältemittel verdichtet und so den Energiegehalt anhebt. Die Wärmeabgabe erfolgt in einem weiteren Wärmetauscher, in dem das Kältemittel wieder kondensiert / verflüssigt wird und seine Kondensationswärme an die Heizanlage abgibt.

Daran anschließend wird das Kältemittel über ein Drosselventil geleitet, nach dem es wieder im gasförmigen Zustand, dem Verdampfer zugeführt wird. Der Wärmeaustauschprozeß beginnt von neuem.

Wichtig für sparsamen Energieverbrauch ist, außer dem individuellen Heizverhalten, das Temperaturniveau der angezapften Wärmequelle:

- Luft ist recht ungünstig, da es im Winter recht kalt werden kann; bei weniger als -20°C muss man anders heizen,

- Erdwärme ist umso besser, je tiefer die Sonde in das Erdreich getrieben wird,

- Grundwasser oder Tiefenwasser sind am günstigsten.

Noch werden Wärmepumpenanlagen staatlich gefördert und die EVUs helfen mit niedrigen Stromtarifen. Aber wenn diese Förderungen wegfallen, kann es richtig teuer werden mit einem Stromverbrauch/a von 8 - 9000 kWh (Luftwärmepumpe). Und: Richtig CO_2-neutral wird es erst mit ‚grüner Energieversorgung', aber wer hat schon seine eigene Wasserkraftanlage vor dem Haus.

7.3 GASHEIZUNG (360 TWH, 14,3%)

Die Gasheizung trägt einen erheblichen Anteil von 360 TWh zur Beheizung der Haushalte, Gewerbe, Handel und Dienstleistungen bei. Sie erzeugt weniger CO_2 als fossile und Holzbrennstoffe (vgl. Kapitel 3.3). Zudem hinterlässt Sie keine Asche und Stäube. Trotzdem will man mittelfristig, wegen dieser fossilen Energieart, von der Gasheizung wegkommen.

Gasheizungen dürfen nur noch betrieben werden (Gebäudeenergiegesetz, GEG, § 72, (3), 1) wenn sie mit einem Niedertemperatur oder Brennwertkessel ausgestattet sind, sonst erlischt die Betriebserlaubnis 30 Jahre nach deren Einbau.

7.4 KOHLE/ÖLHEIZUNG (139 TWH, 5,5%)

Ab 2026 sollen gemäß Gebäudeenergiegesetz (GEG) keine Kohle- und Ölheizungen mehr betrieben werden, es sei denn, sie sind mit erneuerbarer Energieerzeugung kombiniert, sogenannte Hybridlösungen.

• Kohle-/Holzheizkesselanlagen

Anfang der 50-er Jahre, nach Ende des 2. Weltkrieges, war man froh, mit einheimischer Kohle heizen zu können. Geld für Importe hatte man nicht, erst musste das Land wieder aufgebaut werden.

Heutzutage heizen nur noch wenige Haushalte mit Kohle, laut UBA sind das 0,6% oder 4 TWh des Energieverbrauches der Haushalte.

Sinn macht es nur noch bei sogenannten Kombikesseln, die neben Kohle auch Holz und andere pflanzliche Festbrennstoffe verarbeiten können. Dadurch dass Holz und pflanzliche Brennstoffe als CO2-neutral oder erneuerbar (s.o.) eingestuft sind, können Kombikessel bei der Neuinstallation Fördergelder erhalten und weiter betrieben werden. Wegen der zweistufigen Verbrennung bei hohen Temperaturen (erst Holz- oder Kohlevergasung, dann auch Verbrennung der Gase) haben diese Kessel einen hohen wärmetechnischen Wirkungsgrad. Nachteil: Die Flugasche muss durch wirksame Filter zurückgehalten werden.

• Ölheizung

Die klassische Kohleheizung wurde in den 70-er Jahren in der Regel durch Ölheizungen ersetzt, da mit steigendem Wohlstand Importöl billig wurde sowie Transport per Tankwagen und Lagerung im Tank einfacher war als das Anliefern, Lagern und Beschicken der Öfen mit Kohle.

Allerdings war man abhängig vom Weltmarkt (genau wie beim Gas) und hatte mit starken Preisschwankungen zu kämpfen.

Wenn Ölheizungen nach 2026 mit erneuerbaren Energien kombiniert werden, können sie weiterbetrieben werden, haben aber mit der Zeit einen hohen finanziellen Nachteil, durch die steigende CO2-Bepreisung. Zurzeit haben Ölheizungen im Haushalt noch einen Anteil von 135 TWh oder 20,3%.

Ausnahmen zum Weiterbetrieb von Kohle- oder Ölheizung ohne erneuerbaren Energieanteil sind nur möglich in besonderen Härtefällen.

Die Prozesswärme in der Industrie wurde in der Regel in eigenen Kraftwerken und Prozesswärmeanlagen erzeugt (z.B. Dampf für die Chemie- und Mineralölindustrie). Brennstoffe waren in der Regel Gas, Kohle, oder Öl.

In Stahlwerken wurde die Wärme direkt durch Kohle oder Koks im Schmelzprozess erzeugt oder mit Strom in Lichtbogenöfen.

Alternative Energien spielen bei der Prozesswärme heute noch keine große Rolle. Wenn allerdings der CO2-Preis weiter steigt, wird man versuchen, z.B. Gas oder Kohle durch Wasserstoff zu ersetzen.

In einem Punkt hat sich in den letzten Jahren viel geändert: In allen Bereichen der Prozessindustrie wird die Abwärme so weit wie möglich genutzt, wenn möglich im Prozess oder in der Fernwärmeversorgung.

Der Anteil der Prozesswärme am Energieverbrauch betrug 404 TWh oder 16,1% am Gesamtenergieverbrauch.

8.   STROMERZEUGUNG ALLGEMEIN

Strom muss immer dann zur Verfügung stehen, wenn er gebraucht wird und das überall mit fester Spannung und Frequenz. Dies wurde in der Vergangenheit dadurch erreicht, dass träge und große thermische Kraftwerke die Grundlast übernahmen (der Strom, der permanent gebraucht wird), flexiblere Kraftwerke die Mittellast (die im Laufe des Tages mehr oder weniger wird) und schnell regelbare Wasserkraft- oder Gasturbinenkraftwerke, die Spitzen- oder Regelleistung liefern, welche Frequenz und Spannung bei jeder Laständerung stabil halten. Durch den Vorrang/ die Volatilität des Windstromes müssen jetzt auch Kohlekraftwerke zur Regelleistung beitragen. Mehr zur Laständerung s. [1].

Nichts zeigt die Veränderung des Strommarktes besser, wie ein Vergleich der Erzeugungen im Mai 2010 und im Mai 2021 [21] des Fraunhofer-Institutes auf deren Energieportal Energy-Charts:

2010 dominierten noch die thermischen Kraftwerke (AKWs rot, Braunkohle graubraun, Steinkohle schwarz, Gas hellbraun), 2021 sind das Wind (grau) und Solar (ocker), soweit sie verfügbar sind.

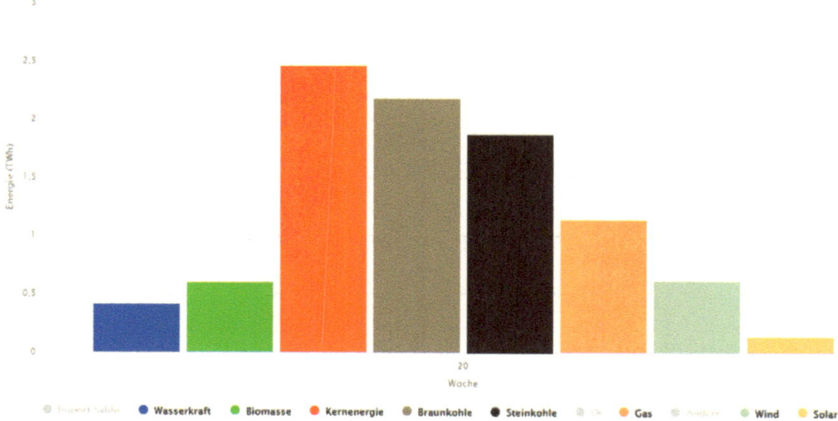

Abbildung 25, Wöchentliche Stromerzeugung 9,48 TWh, Woche 20, 2010 (Fraunhofer-Institut)

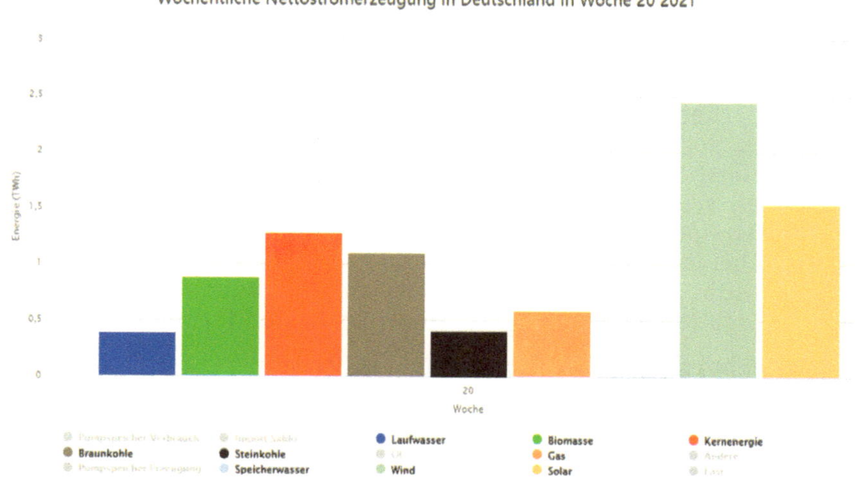

Abbildung 26, Wöchentliche Stromerzeugung 9,11 TWh, Woche 20, 2021 (Fraunhofer-Institut)

Durch den staatlich verordneten absoluten Vorrang von erneuerbaren Energien und den Rückbau von Kern- (Betriebsende 2022) und Kohlekraftwerken (Betriebsende 2038 oder früher) haben wir bald eine Versorgungslücke bei Dunkelflaute.

Aktuell (Stand:26.7.2021) sind gemäß Homepage-Bundesnetzagentur [22] folgende Kraftwerkstypen am Markt verfügbar:

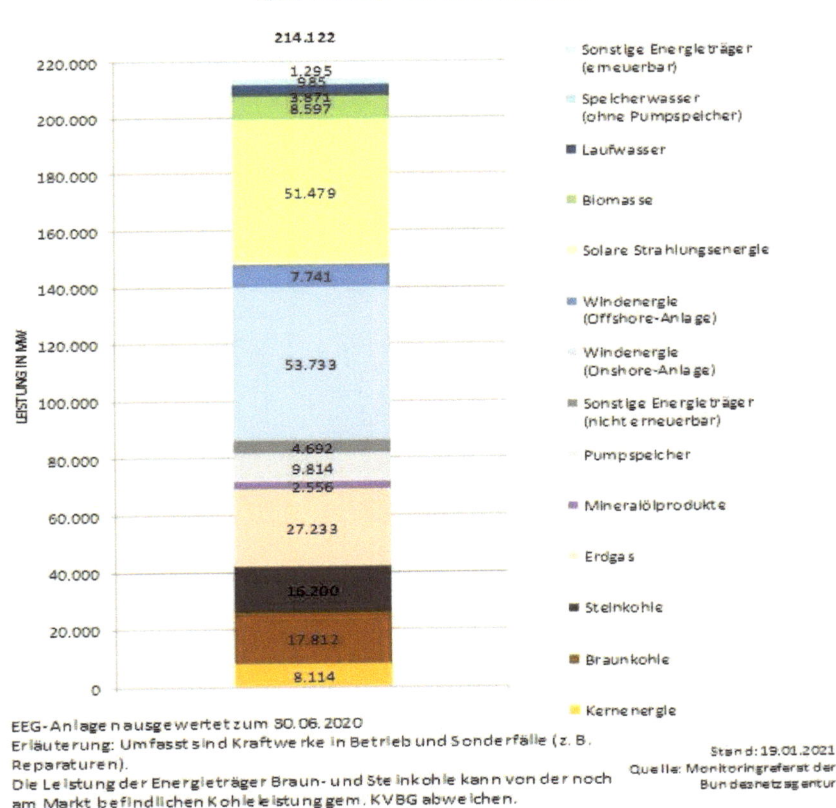

Abbildung 27, Kraftwerke am Strommarkt (BNA)

Die maximal erforderliche Spitzenleistung des Stromnetzes beträgt in der Regel zwischen 65 und 70 GW, betrug aber in der Vergangenheit, z.B. in kalten Wintern, schon deutlich über 80 GW.

Mit den aktuellen Kraftwerken gemäß obiger Grafik sind zurzeit noch 90 GW Leistung bei Dunkelflaute verfügbar. Bis 2023 sollen laut Bundesnetzagentur (s. nachfolgende Grafik) noch weitere 14,52 GW vom Netz und 2,483 GW in Betrieb genommen werden. Das ist ein weiterer Verlust von 12,037 GW, wobei eine Gesamtleistung von ca. 78 GW (bei Dunkelflaute) verbleibt.

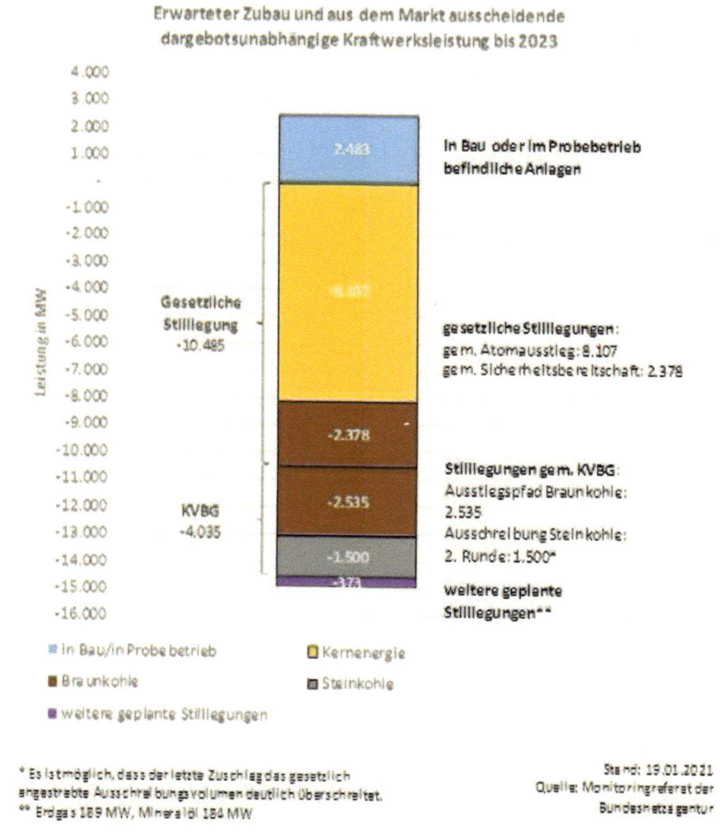

Abbildung 28, Kraftwerksstilllegungen/Inbetriebnahmen bis 2023 (BNA)

Mit 78 GW Spitzenleistung kann es schon mal in kalten Wintern bei Dunkelflaute heikel werden, wenn nicht weiter zugebaut wird oder ausreichend Strom aus den Nachbarländern verfügbar ist. Besonders schwierig wird es dann, wie heute schon von manchen Politikern gefordert, wenn wir sofort aus der Kohleverstromung aussteigen würden. Dann hätten wir, ohne Import aus dem Ausland, nur noch 47,9 GW zur Verfügung, bei einem täglichen Spitzenbedarf von 65 GW oder mehr.

Nun zur Technik sowie den Vor- und Nachteilen der jeweiligen Kraftwerkstypen (mit aktueller Leistung in der Klammer…GW):

8.1 KERNKRAFTWERKE (8,114 GW)

Die Bundesregierung schreibt in einem Regierungsbeitrag zum Kernkraftausstieg:

‚Nach der Reaktorkatastrophe in Fukushima 2011 hat die Bundesregierung das Energiekonzept fortentwickelt und den Ausstieg aus der Kernkraft beschleunigt. Stufenweise geht nun ein Kernkraftwerk nach dem anderen vom Netz, zuletzt Ende 2019 das Kernkraftwerk Philippsburg 2. Bis Ende 2021 werden die Kernkraftwerke Grohnde, Gundremmingen C und Brokdorf vom Netz gehen. Die drei jüngsten Anlagen Isar 2, Emsland und Neckarwestheim 2 werden spätestens Ende 2022 abgeschaltet.‘

Hierzu gibt es noch eine Grafik mit den Kraftwerksstandorten, der Anlagenkapazität und dem Ausstiegszeitplan:

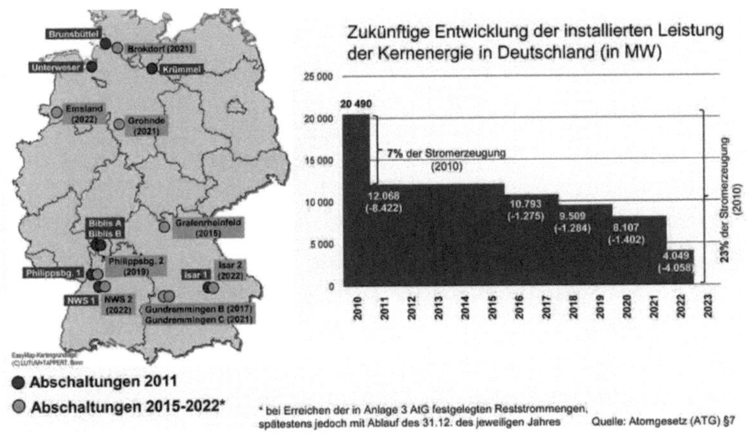

Abbildung 29, Szenarium Kernkraftausstieg (Bundesregierung)

Es stimmte, mit dem Ausstieg aus der Kernkraft hatte die Bundesregierung das Energiekonzept fortentwickelt **und den Bau moderner Kohlekraftwerke zugelassen**, deren Konzipierung 2011 begann und die bis 2015 breitflächig installiert wurden. Damit wäre die Versorgungssicherheit gewährleistet gewesen, aber jetzt steigt man auch noch aus der Kohle aus.

Statt nach dem Kohleausstieg nochmals innezuhalten und den Kernkraftausstieg zu überdenken, legte man nicht nur Ende 2019 das KKW-Philippsburg still, nein, man sprengte ganz schnell am 14.Mai 2020 beide voll funktionsfähigen Kühltürme, um eine Wiederinbetriebnahme unmöglich zu machen.

Im Gegensatz zu den Kernkraftwerken in der Ukraine (Tschernobyl) oder Japan (Fukushima) waren deutsche KKW's die sichersten der Welt. Den Reaktortyp von Tschernobyl gab es bei uns nicht und in Japan waren die Nebenanlagen, die eine sichere Beherrschung des Kraftwerkes gewährleisten, nicht tsunamisicher installiert, weshalb das Kraftwerk nach Ausfall der Nebenanlagen versagte.

Als man bei uns, vor Beginn des kommerziellen Betriebes, ein ähnliches Risiko beim KKW Mühlheim-Kärlich feststellte (die Verbindungsleitungen der Nebenanlagen mit dem KKW verliefen über einer Erdbebenfalte) wurde das Kraftwerk stillgelegt.

Jetzt baut man, wegen der CO_2-Einsparungsmöglichkeit und der volatilen Verfügbarkeit von Wind- und Solarkraft, auf der ganzen Welt 257 neue Kernkraftwerke [1], nur in Deutschland nicht.

Dazu kommt, dass die Frage der Endlager für die abgebrannten Brennstäbe bei uns noch nicht geklärt ist, obwohl es, mit dem neuen KKW-Typ ‚Dual Fluid Reactor‘ eine Lösung gäbe, diese Brennstäbe nach Aufarbeitung so weiter zu nutzen, dass die Reststrahlung danach nur einen Bruchteil derjenigen von heute ausmacht. Damit wäre die Lagerung der Reststoffe weniger gefährlich.

Deutschland war einmal führend in der Kernkraftforschung. Nach dem Ausstiegsbeschluss führen die Institute nur noch ein Schattendasein.

Wir sollten die Kernkraftdebatte nochmals aufnehmen, bevor bei uns bei Dunkelflaute die Lichter ausgehen.

Kohleausstieg Kraftwerk Moorburg 2021 (Vattenfall)

Fällt Ihnen etwas auf an diesem Bild? Kohlekraftwerke laufen immer, wenn man sie lässt, Windkraftwerke an Land tun meistens eines: Stillstehen. Trotzdem wurde im Juli 2020 der Kohleausstieg Deutschlands beschlossen und im Januar 2021 das Kraftwerk Moorburg vom Netz genommen. Dies belastet unsere Volkswirtschaft mit zusätzlichen Risiken und Kosten, obwohl die mögliche CO_2-Einsparung ohne Kohlekraftwerke bei uns verglichen mit der Welt nur 0,57 % des Welt CO_2-Aufkommens beträgt.

Jetzt ist es so weit:

Seit dem 13. August 2020 ist der Kohleausstieg Gesetz (BGBl. Teil I, G 5702). Kurz danach beschloss Vattenfall, sein modernes Kraft-Wärme-Kopplungs-Kraftwerk Moorburg von 2015 (!) wegen schlechter finanzieller Rahmenbedingungen (kaum Betriebszeit wegen Wind-Vorrang, hohe CO_2-Zertifikatskosten) 2020 stillzulegen. Das letzte Kohlekraftwerk soll im Dezember 2038 vom Netz gehen.

Die Bundesregierung ist, besonders nach dem vehementen Auftreten der Fridays for Future Bewegung, fest entschlossen mit der CO_2-Vermeidung in der Welt in Führung zu gehen durch Umstieg auf noch unsichere alternative Energien, ohne - im Gegensatz zu allen anderen Staaten der Welt - die Kernkraft als verlässliche Energiequelle weiter zu betreiben bzw. die Kohleverstromung fortzuführen, bis eine nachhaltige und verlässliche Ersatzenergie kostengünstig zur Verfügung steht.

Man will das Pariser Klimaschutz-Abkommen möglichst buchstabengetreu erfüllen, obwohl unser Gesamtbeitrag an der CO_2-Erzeugung der Welt gerade einmal 2,26% ausmacht und jener der EU einschließlich GB nur 9,87% [1].

Rein bezogen auf die Braun- und Steinkohle (ohne den Öl-, Gas- und Biomasse-Anteil) beträgt der **deutsche CO_2-Kohleanteil 0,57%** und jener der **EU 1,75% der Welt.**

Vor o.g. Ausstiegsbeschluss hatte man 2018 die **K**ommission ‚**W**achstum, **S**trukturwandel und **B**eschäftigung‘, kurz **KWSB** genannt (im Volksmund: **Kohlekommission**), gegründet, um folgendes zu untersuchen:

1. Beitrag zur Reduktion des weltweiten CO_2-Ausstoßes gemäß Pariser Klimaschutzabkommen
2. Schrittweise Reduktion der Kohleverstromung
3. Weiterentwicklung der Kohlereviere zu lebenswerten und attraktiven Regionen
4. Schaffung von Perspektiven für neue zukunftssichere, tariflich abgesicherte, Arbeitsplätze
5. Sichere und bezahlbare Versorgung mit Strom und Wärme

In die Kommission wurden als Vorsitzende berufen:

Matthias Platzeck, Ronald Pofalla, Barbara Praetorius, Stanislaw Tillich

Ihr gehörten folgende Mitglieder an:

Jutta Allmendinger, Antje Grothus, Gerda Hasselfeldt, Christine Herntier, Martin Kaiser, Steffen Kampeter, Stefan Kapferer, Dieter Kempf, Stefan Körzell, Michael Kreuzberg, Felix Matthes, Claudia Nemat, Kai Niebert, Annekatrin Niebuhr, Rainer Priggen, Katherina Reiche, Gunda Röstel, Andreas Scheidt, Hans-Joachim

Schellnhuber, Christiane Schönefeld, Eric Schweitzer, Michael Vassiliadis, Ralf Wehrspohn, Hubert Weiger und Hannelore Wodtke.

Keine(r) der Teilnehmer (Politiker, Umweltschützer, Verbandsvertreter, Gewerkschafter), außer vermutlich Ralf Wehrspohn (Vorstand Fraunhofer Institut), verfügte nach Wikipedia-Recherche über die nötige Expertise zu praktischen Aspekten der sicheren Energieerzeugung, Verteilung, Anlagenbetrieb, Reservevorhaltung, Wartung und Regelung.

Bei den insgesamt 15 Sitzungen wurde nur ein einziges Mal, am 29.8.2018, mit Vorständen der Elektrizitätswirtschaft über die Versorgungssicherheit gesprochen. Stattdessen gab es drei Betriebsausflüge mit Besuchen im Mitteldeutschen, Lausitzer und Rheinischen Revier.

Die Ergebnisse der **KWSB** wurden in folgendem Abschlussbericht vom Januar 2019 [23] vorgestellt:

Abbildung 30, Titelbild des KWSB-Abschlussberichtes (BMWi)

Nun zu den Ergebnissen des Abschlussberichtes gemäß der fünf o.g. Untersuchungsziele:

8.2.1 Beitrag zur Reduktion des weltweiten CO2-Ausstoßes gemäß Pariser Klimaschutzabkommen

Der nationale Klimaschutzplan will nach Möglichkeit die Pariser Klimaschutzziele von 2015 einhalten, **obwohl unser gesamter Anteil (2017) an der weltweiten CO2-Erzeugung nur 2,26% betrug. Allein China verbraucht 6,2-mal mehr Kohleenergie (Kraftwerke, Industrie, Heizungen) als Deutschland insgesamt und sie bauen in Zukunft noch**

Kohlekraftwerke dazu. Trotzdem hält Deutschland an seinen Klimazielen fest und verweigert sich weiter der CO2-neutralen Kernkraft.

Bisher hat Deutschland mit innovativer Fortentwicklung der Technik bereits sehr viel CO_2 eingespart mit Ausnahme des Straßenverkehrs, der über die Jahre dermaßen zunahm, dass jegliche Verbesserung der Abgastechnik sofort wieder durch mehr Fahrzeuge kompensiert wurde. (Aktuelle Entwicklung der CO_2-Bilanz s. Tabelle des Umweltbundesamtes aus dem **KWSB**-Bericht):

Abbildung 31, Mio t CO2-Äquivalente (UBA)

Dabei sind die einzelnen Bestandteile der Treibhausgasemissionen farblich folgendermaßen codiert:

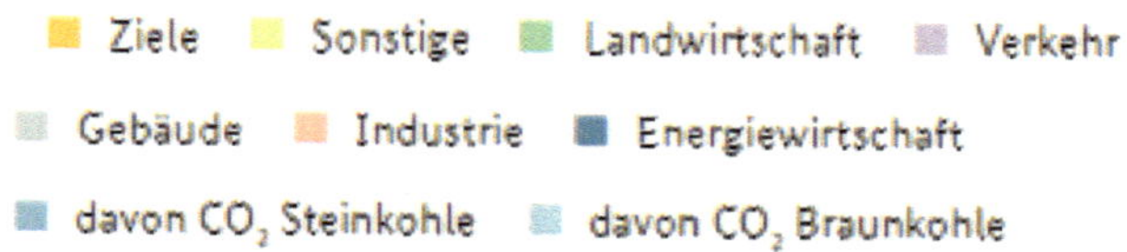

Die weißen Zahlen im blauen Feld ‚Energiewirtschaft' zeigen die gesamte CO_2-Erzeugung dieser Sparte, einschließlich Stein- und Braunkohle.

Wenn die großen CO_2-Erzeuger in der Welt (China: 28,16%; USA: 14,96%; Indien: 6,43%) nicht mitmachen werden wir nichts ausrichten, selbst wenn wir komplett auf unsere gesamte CO_2-Erzeugung von 2,26% verzichten. (Details hierzu: [1]).

Eigentlich eine gute Idee zur CO_2-Verringerung ist der Handel mit CO_2-Zertifikaten, wie er bereits in der EU praktiziert wird. Jeder Betrieb und jeder Verbraucher der CO_2 erzeugt, muss dafür Abgaben entrichten, was die Nutzung CO_2-freier Energie grundsätzlich begünstigt.

Die Sache mit EU-CO_2-Zertifikaten hat aber einen entscheidenden Haken: Wenn die Abgabe im Wesentlichen nur in der EU abgeführt werden muss, verteuert das unsere Produktion und Lebenshaltung.

Ohne flächendeckenden weltweiten Handel von einheitlichen (gleicher Preis für gleichartige Verschmutzung) CO_2-Zertifikaten benachteiligen wir nur <u>unsere</u> Volkswirtschaft.

8.2.2 Schrittweise Reduktion der Kohleverstromung

Eine Grafik des BMU zeigt die geplante schrittweise Stilllegung der Kohlekraftwerke, wobei nur die Abschalttermine der Braunkohlekraftwerke im Gesetz festgeschrieben wurden; die Abschaltung der Steinkohlekraftwerke ist zwar ebenfalls vorgesehen, soll aber alle 3 Jahre geprüft und zusätzlich durch regelmäßige Netzanalysen (§ 34 Kohleausstiegsgesetz: Netzanalyse und Prüfung der Aussetzung der Anordnung der gesetzlichen Reduzierung) der Bundesnetzagentur abgesichert werden:

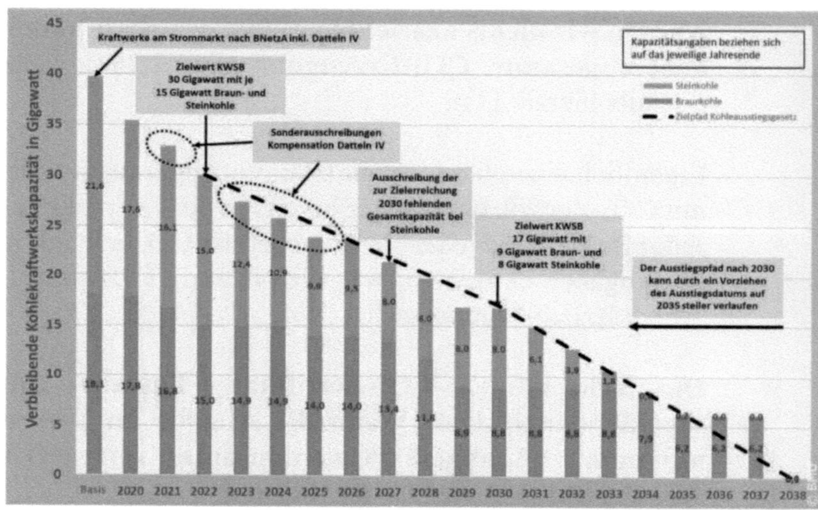

Abbildung 32, Grafik Kohleabschaltungen (BMU)

Anscheinend traut man der eigenen Courage nicht, sonst hätte man keine Prüfperioden mit möglicher ‚Aussetzung der Anordnung' vorgesehen. Der schwarze Peter wird zur Bundesnetzagentur verschoben: Sie muss alle 3 Jahre sagen, ob man Kohlekraftwerke abschalten kann.

Und noch ein Paradoxon:
Die im Ausstiegsgesetz nicht kostendeckende Maximalvergütung (Verschrottungsprämie) beim Ausstieg ist nach dem Ausstiegszeitpunkt gestaffelt und verringert sich jedes Jahr. Das heißt, wer nach dem Beschluss zum Kernkraftausstieg nach

2011 ein supermodernes Kohlekraftwerk mit Spitzenwirkungsgrad und geringem Schadstoffausstoß gebaut hat (z.B. Karlsruhe RDK8, Großkraftwerk Mannheim, Datteln 4, Moorburg, Wilhelmshaven) wird beim Spätausstieg doppelt bestraft, da z.B. der Höchstpreis je Megawatt abgeschalteter Kraftwerksleistung (§ 19, Höchstpreis) von 2020 (165 000.-€/MW) auf 2027 (89 000.-€/MW) zurückgeht.

Kraftwerk Moorburg nach Ausstiegsauktion stillgelegt:

Vattenfall erhielt für die Schließung des 2015 in Betrieb gegangenen modernen 1654 MW_e Heizkraftwerkes Moorburg Gesamtbaukosten: 3 Mrd. €) einen zweistelligen Millionenbetrag. Diese Anlage erzeugte bei Volllast ¼ weniger CO_2 als vergleichbare ältere Anlagen. Vattenfall klagte wegen der schlechten Rahmenbedingungen (nur Standbybetrieb wegen Windvorrang, kaum Fernwärmeverkauf) über hohe Kosten, weshalb Kohlekraft nicht mehr wirtschaftlich sei; man habe allein im 3.Quartal 2020 Abschreibungen in Höhe von 960 Mio € vornehmen müssen.

Normalerweise werden Steinkohlekraftwerke mindestens 8000h im Jahr betrieben (365 Tage x 24 h = 8760h). Zudem hat man wohl auch nicht wie erhofft ausreichend Prozessdampf an die angeschlossene Holborn-Europa Raffinerie liefern können und die Fernwärmeanbindung an Hamburg wurde durch Verweigerung einer Fernwärmeleitung (Heißwasser) durch die Elbe verhindert.

Das hat sowohl die Einnahmen als auch die CO_2-Bilanz massiv verschlechtert, da man ursprünglich mit einem Wärmeverkauf bis zu 650 MW rechnete. Mit Sicherheit hat man beim Baubeschluss noch nicht mit den hohen CO_2-Zertifikatekosten rechnen können: Laut einem NDR-Artikel vom 23.8.2019 hat das

Kraftwerk im Jahr 2018 6247 Kilotonnen CO_2 ausgestoßen, beim damaligen Preis von 15,48.-€/t CO_2 waren das 97.-Mio €. Mit einem Preis von 25.-€/t im Jahre 2021 wären das bereits 156.-Mio € CO_2-Kosten für das Jahr 2021.

Und hier liegt wohl das Hauptproblem: Mit Kurzzeitbetrieb und ohne Fernwärmeabgabe erzielt man weniger Erlös, produziert mehr CO_2 und entsprechende Zertifikatkosten.

Lohnen wird sich der Ausstieg sicher nicht, es klafft noch eine große Lücke zwischen bisherigem Ertrag und den Investitionskosten von 3 Mrd. €. Aber mit Standby-Betrieb und weiter steigenden CO_2-Kosten in Europa kann sich ein modernes Kohlekraftwerk nicht mehr rechnen.

Man braucht fossile Kraftwerke wegen der vielen Flauten und bestraft sie dafür mit CO_2-Kosten!

8.2.3 Weiterentwicklung der Kohlereviere zu lebenswerten und attraktiven Regionen

Hier hat man aus dem Vollen geschöpft, in dem man nach dem Motto ‚Wer wünscht sich Was' in den betroffenen Regionen alle möglichen Infrastruktur-, Bildungs-, Forschungs- und Neubauprojekte aufgelistet hat, die man sich nur vorstellen kann. Allein die Projektlisten im 278 Seiten langen **KWSB**-Bericht beginnen ab Seite 123 und gehen auf 155 Seiten bis zum Ende. Das aus diesen Projektlisten abgeleitete Gesetz (Strukturstärkungsgesetz Kohleregionen vom 8. August 2020) umfasst nicht mehr die gesamte Projektliste.

Allerdings sind dort viele Forschungsprojekte enthalten, die im ‚Reallabor' die Abkehr von der Kohle erforschen sollen, wie z.B.

- § 16 (1) Kompetenzzentrum Wärmewende (Abkehr von ‚Kohle'-Fernwärme)
- § 16 (2) Reallabore Energiewende (z.B. Power to X (§16,26): Energie- und Wärmeerzeugung von und mit Wasserstoff, der bisher noch nicht preisgünstig und großtechnisch nutzbar ist)

Das heißt man beschließt den Ausstieg aus einer verlässlichen, preiswerten Energieversorgung und steigt voll ins Abenteuer, um vielleicht einmal flächendeckend CO_2-freie Energie zu erzeugen. Das klingt eher nach Tom Sawyer und Huckleberry Finn statt nach verantwortlichem Regierungshandeln.

Und wie das Geld für diese Abenteuer erwirtschaftet wird und wo die zukünftigen Einkünfte herkommen sollen ist leider auch nicht geklärt.

8.2.4 Schaffung von Perspektiven für neue zukunftssichere, tariflich abgesicherte, Arbeitsplätze

Natürlich wurde diese Forderung von den Gewerkschaften gestellt; es werden wohl neue Arbeitsplätze entstehen, aber ob und wie diese abgesichert werden ist noch nicht klar.

8.2.5 Sichere und bezahlbare Versorgung mit Strom und Wärme

<u>Sichere Stromversorgung:</u>

Wie am Anfang von Kapitel 5 erläutert, brauchen wir täglich 65 -70 MW Spitzenleistung, mit aktuell verfügbar 90 GW thermischen Kraftwerken, die auch bei Dunkelflaute verfügbar sind (Details s. Abbildung 27, Kraftwerke am Strommarkt (BNA)).

Fallen bis Ende 2023 weitere 12 GW weg (Abschaltung aller Kernkraftwerke Ende 2022 + weitere Kohlekraftwerke) kann es bei Dunkelflaute mit maximal 78 GW-Leistung schon eng werden, wenn irgendwo eine Störung auftritt.

<u>Gesicherte Wärmeversorgung:</u>

Heizwärme wird zurzeit in Industrie, Gewerbe, Handel, Dienstleistungen und Haushalten bei größeren Gebäudekomplexen meist aus Fernwärme (von Kohlekraftwerken) und fossilen Energien hergestellt.

Heizen mit erneuerbarer Energie (also z.B. Windkraft) wird lange Zeit ausgeschlossen bleiben, weil es bei Dunkelflaute dort keinen Strom gibt und die Niederspannungsverteilungen deutschlandweit nicht genügend Kapazität haben, um den nötigen Heizstrom bereit zu stellen. Deshalb muss man sich schon seit langer Zeit Elektroheizungen und Wärmepumpen (genau wie Ladestationen für Elektroautos) vom EVU genehmigen lassen.

Allein aus diesem Grund werden wir noch lange auf fossile Energieträger angewiesen sein, wobei ja das Erdgas vergleichbar wenig CO_2 erzeugt.

Andererseits heizen die **Norweger** mit ihrem billigen Wasserkraftstrom elektrisch und fahren bereits zu 45% mit Elektroautos, dies aber beim **vierfachen Pro Kopf-Stromverbrauch** im Vergleich zu Deutschland. Für den vierfachen Verbrauch sind unsere Netze nicht ausgelegt, weshalb wir weiterhin auch fossil heizen müssen, da Solarheizung nicht nachts und auch nicht überall anwendbar ist.

8.3 ERDGAS UND BIOMETHAN (27,233 GW)

Erdgas und Biomethan verbrennen schadstoffarm mit wenig CO_2- und keinerlei Ascheausstoß. Das jeweilige Gas kann in kleineren Einheiten als auch in größeren Gaskombikraftwerken genutzt werden.

Durch die Kopplung von Strom- und Wärmeerzeugung können diese Anlagen langfristig mit hohem Wirkungsgrad betrieben werden.

Man unterscheidet dabei nach dem Nutzungszweck und der Größe der Anlagen:

	Verbrennungsmotor	Stirlingmotor	Brennstoffzelle	Dampfturbine	Gasturbine	Gas- und Dampfturbinen-Kraftwerk
Anwendungsbereich	Objektversorgung, Industrie, öffentliche Versorgung	Objektversorgung	Objektversorgung, Industrie	Industrie	Industrie	Industrie, öffentliche Versorgung
Elektrische Leistung	1 kW bis 10 MW pro Modul (mehrere möglich)	1 kW bis 9 kW	0,7 kW bis 2,8 MW	ab 100 kW	ab 500 kW	ab 20 MW
Elektrischer Wirkungsgrad (Netto-Nenn) (in %)	25 bis 45%	15 bis 25%	34 bis 60%	10 bis 25%	25 bis 38%	35 bis 50%
Gesamtwirkungsgrad (in %)	bis rund 100%	bis rund 95%	bis rund 90%	bis rund 90%	bis rund 85%	bis rund 90%
Anteil an zugelassenen KWK-Anlagen nach KWKG* (in %)	96,94	0,21	0,06	0,44	0,03	0,43
elektrische Leistung der zugelassenen KWK-Anlagen nach KWKG (in MW)	3179	0,09	4,4	1325	475	4124

* Differenz zu 100%: Sonstige

Quelle: Eigene Darstellung basierend auf Prognos et al (2019) und BAFA (2020a)

Abbildung 33, Kraft-Wärmekopplung mit Gas (UBA)

Motoren und die Brennstoffzelle eignen sich eher für die Versorgung von Ein-, Mehrfamilienhäusern, Handwerks- und kleineren Industriebetrieben.

Bei größeren Leistungen oberhalb von 20 MW baut man Kombikraftwerke, die aus einer Kombination von Gasturbine-Abhitzekessel (mit Abhitze der Gasturbine) - Dampfturbine-Fernwärmeauskopplung bestehen.

Die Abhitze einer Gasturbine enthält in der Regel noch so viel Wärme, dass nochmals 50% der mit der Gasturbine erzeugten elektrischen Leistung mit einer Dampfturbine gewonnen werden können.

Nutzt man dann noch den in der Dampfturbine abgearbeiteten Dampf in einem Wärmetauscher zur Erzeugung von Fernwärme kann man den Brennstoff zu maximal 90% ausnutzen.

Die bisher größten Siemens-Kombikraftwerke wurden in Ägypten an den Standorten Beni Suef, Burullus und New Capital gebaut, mit einer elektrischen Gesamtleistung von 14,4 GW. Allerdings lassen sich solche Großanlagen in Deutschland wegen Platzmangel nicht verwirklichen, weshalb die Einheitsleistungen bei uns in der Regel niedriger sind.

Es gibt viele Arten von Kombikraftwerken, die sich z.B. auch mit Wärmespeichern (als Fernwärmepuffer) oder mit erneuerbarer Energie (als Zusatzheizung) verbinden lassen:

8.3.1   Block ‚Fortuna‘, Düsseldorf

Hier wurde auf wenig Raum ein Kombikraftwerk mit Strom- und Wärmeerzeugung realisiert, bestehend aus folgenden Komponenten:

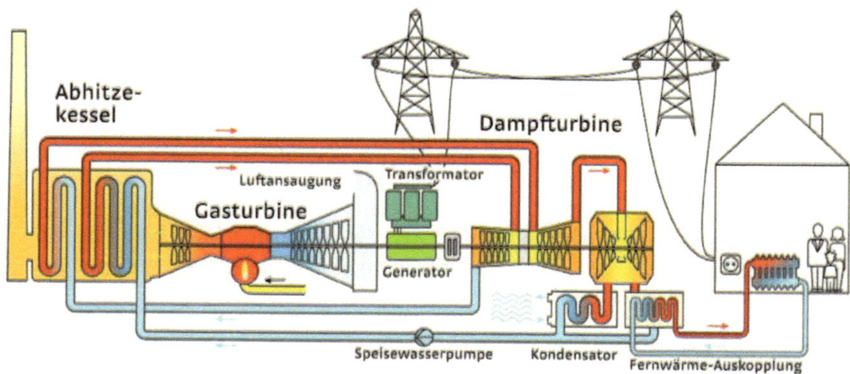

Abbildung 34, Kombikraftwerk Fortuna (Stadtwerke Düsseldorf)

Das Gas treibt eine Gasturbine, die ihre Abwärme dem Abhitze- kessel zuführt. In diesem wird Dampf erzeugt, der wiederum eine Dampfturbine antreibt. Der aus der Dampfturbine austretende

Dampf wird in einem Wärmetauscher dem Fernwärmespeicher zugeführt und danach im Kondensator wieder zu Speisewasser zurückgekühlt. Je mehr Fernwärme gebraucht wird, umso weniger Dampf muss zurückgekühlt werden.

Das führt dazu, dass das Kraftwerk im Sommer bei reiner Stromerzeugung einen elektrischen Wirkungsgrad von 61,5% erreicht und im Winter, mit maximaler Fernwärmeauskopplung, einen Gesamtnutzungsgrad von 85%.

Die elektrische Gesamtleistung beträgt 600 MW_e, die Fernwärmeleistung maximal 300 MW_{th}.

8.3.2 Ain Béni Mathar, Marokko

Hier kommt eine weitere Variante ins Spiel, die Zusatzheizung mit Solarwärme, die aber nur Sinn macht in sonnigen Lagen wie Marokko. Das Gaskombikraftwerk, bestehend aus 2 Gasturbinen und einer Dampfturbine erzeugt insgesamt 468 MW elektrische Leistung, wobei 20 MW_e davon aus dem Solarteil kommen:

Abbildung 35, Solar Kombikraftwerk Ain Béni Mathar, Überblick (e.D)

Abbildung 36, Solar Kombikraftwerk Ain Béni Mathar, Kombiblock (e.D.)

Die Hauptenergieerzeugung erfolgt mittels der beiden Gasturbinen und der Dampfturbine. Auf diesem Bild sieht man oben links mit den Kulissen den Ansaugluftfilter der Gasturbine (GT), direkt unter dem Filter befindet sich das Lärmschutzgehäuse des GT-Generators, das beige Lärmschutzgehäuse zwischen Luftfilter und 1. Schornstein beinhaltet die Gasturbine. Der 1. Schornstein dient als ‚Auspuff‘ für die GT, wenn der Abhitzekessel (zwischen den beiden Schornsteinen) außer Betrieb ist. Am Ende dieses Stranges befindet sich der Abhitzekessel mit Schornstein, wenn Gasturbinen und Dampfturbinen in Betrieb sind. Dann ist der ‚Auspuff‘ der GT mit einer Klappe verschlossen, die Abgase strömen direkt in den Kessel und von dort in den rot-weiß-rot markierten Kesselschornstein.

Man sieht, Kombikraftwerke bieten viele Möglichkeiten, die Energie des Gases (fossil oder aus erneuerbaren Quellen) optimal zu nutzen, wobei in unseren Breiten wohl eher die Variante mit Fernwärmeauskopplung zum Tragen kommt.

8.4   MINERALÖL (2,556 GW)

Mineralölgefeuerte Kraftwerke spielen heute nur noch eine untergeordnete Rolle. Sie befinden sich in der Regel direkt bei Öl-pipelines, entweder als Eigenversorgung der Raffinerien oder kleineren Industriekraftwerken in deren Nähe.

Anders sieht es bei der Notstromversorgung aus, bei der die Energieversorgungsunternehmen mobile Stromerzeugungssysteme (600 – 1100 kVA) einsetzen, um vorübergehend lokale Stromausfälle in Niederspannungsnetzen zu beheben. Diese Stromerzeuger auf Diesel-Basis wird es noch lange geben, weil sie leicht mit Brennstoff zu versorgen sind, sogar bei Flutkatastrophen.

8.5   PUMPSPEICHERKRAFTWERKE (9,814 GW)

Pumpspeicherkraftwerke bestehen aus 2 Speicherbecken (Unter- und Oberwasser) und einer reversiblen Pumpturbinenanlage. Bei Stromüberschuß pumpt man Wasser in das Oberbecken, bei Strommangel lässt man es wieder ins Unterwasserbecken ab und erzeugt Strom mittels der Turbine.

Die Firma Voith hat das Prinzip in einem Symbolbild dargestellt:

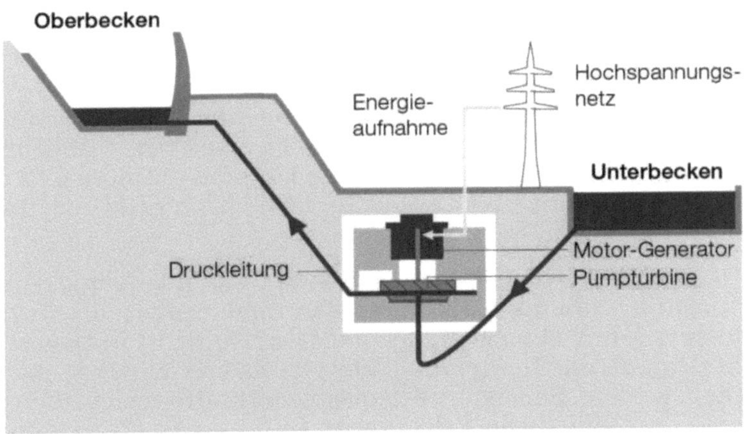

Abbildung 37, Pumpspeicherkraftwerk (Voith)

Pumpturbinen dienten in der Vergangenheit dazu, über Nacht die Energie der Kernkraftwerke zum Pumpen zu nutzen und tagsüber, bei Lastspitzen, die Energie wieder ins Netz abzugeben. So wurden die Kernkraftwerke geschont, da sie als Grundlastkraftwerke 24h täglich auf einem Betriebspunkt gefahren werden konnten.

Heutzutage, mit zunehmender Anzahl der Windkraftwerke und Abschaltung aller Kernkraftwerke Ende 2022 sind Pumpspeicherkraftwerke wichtig, um Dunkelflauten aus Windkraft und Fotovoltaik abzupuffern.

Leider hat man das in der Politik noch nicht erkannt und keine notwendigen Maßnahmen getroffen. So müssen Pumpspeicherkraftwerke genau wie alle anderen Kraftwerke Netz- und KWK-Abgabe bezahlen, obwohl sie Systemdienstleister sind. Priorität beim Betrieb haben sie auch nicht, die EEG-Umlage steht ihnen auch nicht zu. Zudem können sie nicht, wegen der Priorität der Windkraftwerke, ihren Strom tagsüber dann verkaufen, wenn er am besten bezahlt wird.

Aus o.g. Gründen hat man bereits Pumpspeicherkraftwerke wegen Unwirtschaftlichkeit eingestellt; weitere werden folgen und Neuplanungen liegen auf Eis.

Nach einer Ausarbeitung von Heimerl/Kohler von 2017 [24] sind zurzeit 28 Pumpspeicherkraftwerke mit einer Gesamtturbinenleistung von 6300 MW in Betrieb, die je Lastzyklus (Oberwasserbecken voll bis komplett entleert) 37,385 GWh erzeugen können.

28 neue Pumpspeicherkraftwerke mit einer Gesamtleistung von 9402 MW waren/sind in Planung, davon eines mit 16 MW im Bau. Wären diese Kraftwerke einsatzfähig, könnten die alten und neuen Kraftwerke zusammen je Lastzyklus ca. 93 GWh erzeugen, das 2,5-fache der jetzigen Erzeugung.

Diese 93 GWh könnten das ganze Land 5,9h lang mit einer Gesamtleistung von 15,7 GW versorgen, mehr geben die Turbinen nicht her. Sehr viel mehr Pumpspeicherleistung ist in Deutschland nicht drin, da die Topografie (sehr viel flaches Land) in manchen Gegenden den Bau von Pumpspeicherkraftwerken unmöglich macht. Und künstliche Erhebungen in dieser Größenordnung zu schaffen wäre technisch und wirtschaftlich nicht darstellbar.

Wie oben gezeigt können Pumpspeicherkraftwerke einen großen Teil zur Versorgungssicherheit bei Dunkelflaute beitragen. Den Gesamtbedarf von 65 -70 GW Spitzenleistung (und das vielleicht mehrere Tage lang), schaffen sie nicht [1].

8.6 SONSTIGE ENERGIETRÄGER (4,7 GW, N. ERNEUERBAR)

Ein nicht erneuerbarer Energieträger, der im Hochofenprozess aus Sauerstoff und dem nicht vollständig verbrannten Koks entsteht, ist das Gichtgas, eine Mischung aus nichtverbranntem Sauerstoff, Kohlenmon- und dioxid. Dies wird in einem nachgeschalteten Prozess im Stahlwerk zur Dampferzeugung verbrannt. Dieser Dampf wird entweder als Prozessdampf genutzt oder zum Antrieb von Dampfturbinen zur Eigenstromerzeugung.

8.7 WINDENERGIE (53,7 GW ON-, 7,7 GW OFFSHORE)

Abbildung 38, Windpark auf einem Feld

Die Windenergie diente bereits in der Antike zum Antrieb von Windmühlen und zur Fortbewegung von Segelschiffen. Schon damals stellte man sich darauf ein, dass bei Windstille kein Mühlenbetrieb möglich war und Segelschiffe mit Ruderbooten fortbewegt werden mussten. Das ist heute, in modernen Zeiten, auch nicht anders. Obwohl seit Jahren Erkenntnisse über die Volatilität von

Windstrom [1] vorliegen, wird weiter so getan als müsse man nur genug Windmühlen hinstellen, dann werde es schon reichen. Stellvertretend für viele folgender Protestbeitrag zur Windkraft:

8.7.1 Windkraft in Baden-Württemberg

1000 neue Windräder in Baden-Württemberg

(K)ein Zukunftsmodell?

2020 erschien diese Anzeige zum Thema Windkraft im Schwarzwald:

Abbildung 39, Schützt den Schwarzwald (Herrenknecht)

Der Unterzeichner und diverse Bürgerinitiativen wollen verhindern, dass das windarme Bundesland Baden-Württemberg mit ineffizienten Windrädern zugestellt wird. Die Landesregierung dagegen will in ihrer neuen Legislaturperiode 1000 neue

Windräder im Staatswald aufstellen um die erneuerbare Energieproduktion zu verbessern.

Auch die neuen Windräder werden nichts daran ändern, dass Baden-Württemberg eines der windärmsten Bundesländer ist, mit geringerer Windproduktion als anderswo oder am Meer.

Der Windatlas Baden-Württemberg von 2019 [25](erstellt von Fa. AL-PRO aus Großheide im Auftrag des Baden-Württembergischen Umweltministerium) gibt Empfehlungen für Windkraftstandorte in der Region, basierend auf eigenen Windmessungen und einer Simulationsrechnung. Merkwürdig, dass die Ergebnisse zur Wind-Leistungsdichte je Standort [W/m^2] nicht mit den Meßdaten des deutschen Wetterdienstes zur mittleren Windgeschwindigkeit und den eigenen Meßdaten von AL-PRO zusammenpassen:

So hat AL-PRO aus eigenen Meßdaten Tabellen erstellt, die den Zusammenhang zwischen gemessener mittlerer Windgeschwindigkeit [m/s] und der zu erwartenden Windleistungsdichte [W/m^2] für die Regionen
- Rheintal
- Hochschwarzwald
- Ostalb
- Hohenloher Ebene

zeigen. Die Windgeschwindigkeiten in dieser Tabelle reichen von $5 - 7{,}3$ m/s, wobei die Meßdaten des deutschen Wetterdienstes mittlere Windgeschwindigkeiten von 4,5 m/s (Rheintal), 7,7 m/s (Hochschwarzwald), 7,0 m/s (Ostalb) und 5,4 m/s (Hohenloher Ebene) ausweisen.

Merkwürdig wieso AL-PRO zum einen Tabellen (ATAB) über den gemessenen Zusammenhang Windgeschwindigkeit- Leistungsdichte erstellt und dann weiter hinten im Text (ATEXT) behauptet, die Leistungsdichten[W/m^2] (Ausnahme:Ostalb) seien viel höher:

	DWD→	←--ATAB-----→	←-ATEXT
	[m/s]	[m/s]	[W/m^2]	[W/m^2]
Rheintal	4,5	-	<151,3	250-300
Hochschwarzwald	7,7	7,3	374,4	500-600
Ostalb	7,0	7,0	343,0	300-350
Hohenloher Ebene	5,4	5,4	178,8	220-350

Zusätzlich ist anzumerken, dass die Leistung der Windkraft in größeren Höhen, entsprechend der geringeren Luftdichte stark zurückgeht. Dies führt bei gleicher Windgeschwindigkeit im Hochschwarzwald zu einem Leistungsabfall um 13% gegenüber dem Rheintal. Übrigens: Diesen Effekt spüren Sie auch beim Skifahren im Hochgebirge: Man bekommt schlechter Luft wegen der niedrigeren Luftdichte, am Himalaya benötigt man sogar ein Sauerstoffgerät.

Die Windgeschwindigkeiten [m/s] beim DWD sind wie folgt farblich codiert:

3,6/3,9/4,2/4,5/4,8/5,1/5,4/5,7/6,0/6,3/6,7/7,0/7,3/7,7/8,1

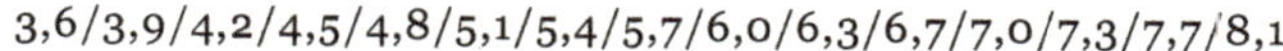

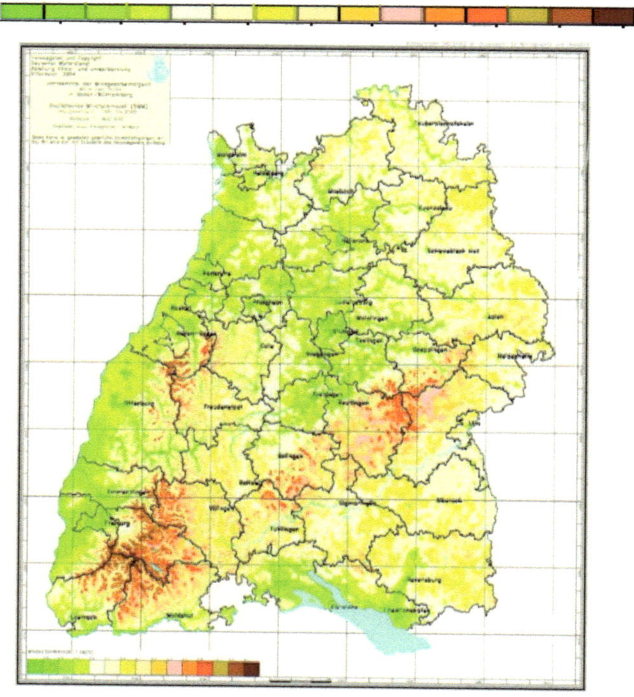

Abbildung 40, mittlere Windgeschwindigkeit BW (DWD)

Das heißt, mit Ausnahme der schwäbischen Alb und auf den Schwarzwaldhöhen beträgt die mittlere Windgeschwindigkeit in

den meisten Teilen Baden-Württembergs 3,9 – 5,4 m/s (grün +
gelb), sehr viel weniger als im Rest der Republik.

Eine Übersichtskarte des UBA zeigt den Ausbaustatus der deutschen Windparks im Juni 2020 (blaue Kreise), bei der sich die
Windkraftwerke eher in den Starkwindgebieten konzentrieren:

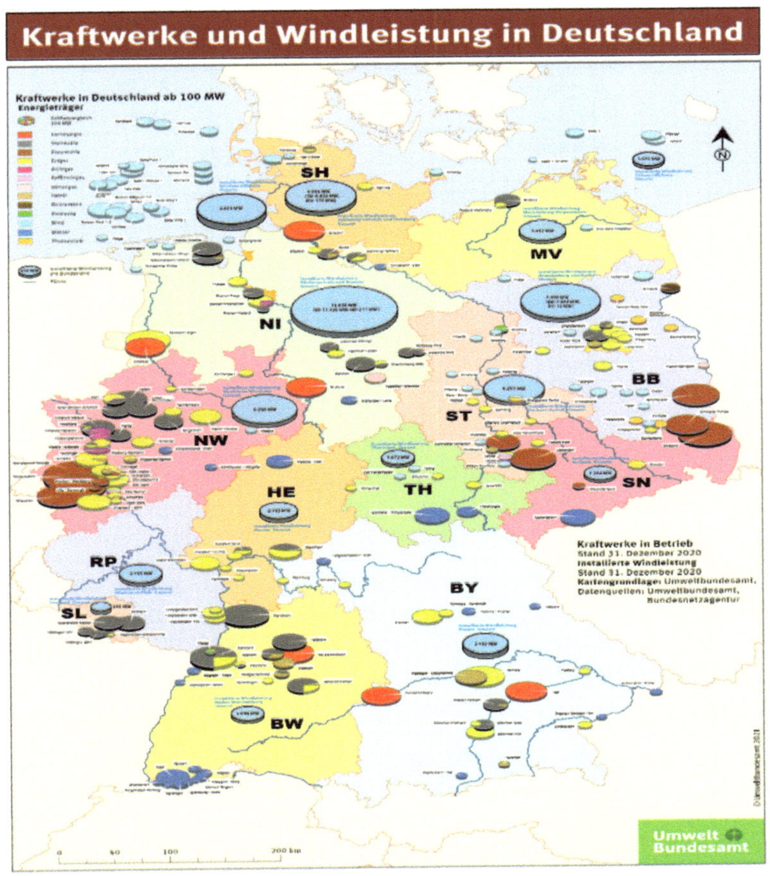

Abbildung 41, Kraftwerke und Windleistung D (UBA)

Die Nennleistungen der o.g. Windparks betragen:

UBA+Bundesnetzagentur	Inst. Leistung	
Stand:31.12.2020	[GW]	[%]
Windpark Nordsee	6,644	10,69%
Windpark HH + SH	6,944	11,18%
Windpark Ostsee	1,073	1,73%
Windpark MV	3,492	5,62%
Windpark BB + Berlin	7,476	12,03%
Windpark NI + HB	11,536	18,57%
Windpark NW	6,206	9,99%
Windpark ST	5,253	8,45%
Windpark HE	2,143	3,45%
Windpark TH	1,672	2,69%
Windpark SN	1,264	2,03%
Windpark RP	3,755	6,04%
Windpark SL	0,494	0,80%
Windpark BY	2,542	4,09%
Windpark BW	1,644	2,65%
Gesamt-Deutschland:	62,138	100,00%

Mit 1,644 GW Ausbauleistung in Baden-Württemberg ist die Kapazität der Windkraftwerke gering, dies entspricht 2,65% des bundesweiten Bestandes, kein Wunder bei wenig Wind.

Wie wir bereits weiter oben gezeigt haben, passt die von AL-PRO an den einzelnen Standorten zu hoch geschätzte Windleistungsdichte nicht zu den gemessenen mittleren Windgeschwindigkeiten des Deutschen Wetterdienstes.

Wie sieht es aber mit der bisherigen Jahreserzeugung aus?

Die deutsche Windguard GmbH hat im Auftrag des ‚Bundesverbandes Windenergie‘ im Jahre 2020 zwei Studien erstellt, die die Situation der Windkraft auf See [26] und an Land [27] beleuchtet. Damit erhält man für das Jahr 2020 folgende Erzeugungs- und Auslastungsdaten für ganz Deutschland:

Installierte Leistung P		Erzeugung 2020 JE	Volllaststunden/-tage	
	[GW]	[TWh]	[h]	[d]
An Land:	54,938	112	2039	85
Auf See:	7,77	29	3732	155

Dividiert man die jeweilige Jahreserzeugung [1 TWh = 1000 GWh] durch die installierte Leistung [GW] erhält man die Zahl der möglichen Volllaststunden oder Volllasttage pro Jahr, d.h. im Jahr 2020 hat die Erzeugung an Land in Deutschland nur für 85 Tage und jene auf See nur für 155 Tage gereicht.

Das heißt, wenn der Ertrag aller deutschen Windkraftwerke an Land nur für 85 Tage reicht, kann es bei einem geringeren Winddargebot, wie in Baden-Württemberg, nur noch weniger Ertrag einbringen. Im Schwarzwald sind das nur 37,5 bis 54 Tage (900 bis 1300 h, s. Titelblatt ,Rettet den Schwarzwald').

Und trotzdem will man 1000 weitere Windräder in den Staatsforsten aufstellen, mit nachfolgenden Auswirkungen auf die Natur:

Angenommen, man installiert 1000 Windräder der 4 MW-Klasse, mit D= 140 m Rotordurchmesser, erhält man folgenden Platzbedarf:

1. Bedarf an Abstandsfläche, um Wirbel am Nachbarwindrad zu vermeiden:

   Mindestabstand: 5 x Durchmesser = 5 x 140 m = 700 m;

   Ca. 1000 Windräder bedecken eine Fläche mit 32 x 32 = 1024 Stück, also je Achsrichtung 32 x 0,7 km = 22,4 km;

   (22,4 x 22,4) km² =501,8 km²

2. Bedarf an Freiflächen für Rotor, Kran, Montageablage, Zufahrtsstraßen je Windrad:

   a. Rotorfläche (um sich um 360° drehen zu können):
   $\Pi\, D^2/4 = 15.386\ m^2$

b. Kranstellplatz + Lagerfläche beim Windrad (100m x 100m) =   10.000 m²

c. 2 scharfe 90°-Kurven im Wald, mit 75 m-Trailer (75 x 75) m² =   5.625 m²

d. Straßenfläche Zufahrt (6,5 m breit, 700 m lang): 4.550 m²

Gesamtfläche je Windradstandort [m²]:   35.561 m²

3. Flächenverbrauch bzw. erforderliche Rodungsfläche für 1000 Windräder:

1000 x 35.561 m² = 35.561.000 m² = 35,561 km²

4. Flächenanteil bei Windradaufstellung im Staatswald von Baden-Württemberg:

Laut Broschüre [28],Waldland Baden-Württemberg' des Ministeriums für Ernährung, Ländlichen Raum und Verbraucherschutz Baden-Württemberg beträgt die aktuelle Fläche des Staatswaldes 323.585 ha oder 3235,85 km².

Somit würden 1000 neue, in diesem Staatswald aufgestellte Windräder auf eine Gesamtaufstellfläche von 501,8 km² einwirken, das sind 15,51% der Staatswaldfläche.

Für die Installation der Windräder würden 35,805 km² Wald abgeholzt, das wären 1,11% (s. nachfolgendes Bild von Google-Earth).

Abbildung 42, Aufstell-/Rodungsfläche 1000 Windräder BW (Google Earth)

Jeder Einschnitt in den Wald bildet Stolperkanten mit Wirbelerzeugung bei Starkwind, was zu größeren Bruchschäden führen kann, die die Lücke vergrößern und in der Folge weitere Schäden generieren.

8.7.2 Klimaeffekte von Windrädern

Wie allgemein bekannt, führen Windräder in Waldgebieten zu verstärkter Austrocknung wegen der Durchmischung der bodennahen und höheren Luftmassen, weil die abendliche kalte Luft mit Taubildung sich nicht mehr am Boden absetzen kann. Harvard-Studien [29] haben bereits bleibende Temperaturerhöhungen hinter Windparks festgestellt und rechnen damit, dass große Windparks allein durch ihre Abwärme mit permanent +0,24°C zur Erderwärmung beitragen. Diese Erwärmung wird in der Nacht noch schlimmer und steigt dann auf +1,5°C, wenn sich der Tau nicht absetzen und den Boden herunterkühlen kann.

Zusätzlich entsteht hinter jeder Turbine ein Windschatten, der bei Einzelanlagen nicht stört, aber bei größeren Windfarmen dazu führt, dass Windräder weit auseinandergestellt werden müssen, um die Erträge der stromab der ersten Reihe gelegenen Windräder nicht zu stark einzuschränken. Hierzu wurde die Energiedichte (Harvard-Definition: Erzeugung [TWh] dividiert durch die mit Windturbinen belegte Fläche [m²]) von 411 Windfarmen im Detail untersucht, wobei die Effekte umso größer wurden, wenn die Windfarmen eine Tiefe von 5 km oder mehr überschritten. Bei diesen großen Anlagen war die Energiedichte teilweise 100-mal niedriger als ursprünglich angenommen [29].

Außerdem wird Energie dem Wind entzogen, was laut einer Studie der TU-Braunschweig [30] zwar noch 50 km hinter einem Windpark messbar ist, aber, aufgrund von Vergleichen des Wetters bei Turbinenbetrieb und bei deren wartungsbedingtem Stillstand keine Veränderung gezeigt hat. Nach meiner Ansicht wäre meine These, dass Windkraftwerke das Wetter ausbremsen, erst dann widerlegt, wenn die Windkraftwerke für die Untersuchung abgebaut würden.

Warum achtet man so sehr darauf, dass vor Windkraftwerken keine störenden Aufbauten in die Strömung ragen, aber sieht eine Windturbine nicht als Hindernis für den Wind, unabhängig davon, ob sie steht oder läuft. Das ist unlogisch.

Windparks nehmen viel Energie aus dem Wind, was zu Wetterveränderungen durch Verminderung der Ausgleichsströmungen zwischen Hoch- und Tiefdruckgebieten führen kann. Dies erleben wir gerade mit nahezu ortsfesten Unwettern und stabilen Hochs ohne Veränderung. Dass dieser Bremseffekt beim Wetter hausgemacht sein kann oder dass er schon früher auftrat, kommt niemandem in den Sinn.

In vorindustrieller Zeit trat bereits am 22. Juli 1342 das bisher höchste Hochwasser in Nordeuropa mit tausenden von Toten, das ‚Magdalenenhochwasser‘ auf, das das ganze Rheintal und seine Nebenflüsse verwüstete. Man führt es auf ein stehendes Tiefdruckgebiet zurück, wie es jetzt in den Hochwassergebieten vorkam. Wenn Windparks dem Wind Energie entziehen, begünstigen sie solche Wetterlagen. Das sollte man in Zukunft untersuchen.

Die Protagonisten der Energiewende führen gravierende Wetterveränderungen einzig und allein auf die Temperaturerhöhung durch den CO2-bedingten Klimawandel zurück, obwohl Windräder und Fotovoltaik selbst eine Menge Abwärme produzieren.

Jedenfalls stellt die Harvard-Studie insgesamt fest, dass der Betrieb von großen Windparks unmittelbar zur Anhebung der Umgebungstemperatur führt, ein wie auch immer gearteter Beitrag von Treibhausgasen aber erst in einem Jahrhundert.

8.7.3 Emissionsbelastung durch Windräder

Große Windturbinen erzeugen wegen ihrer Masse und niedrigen Drehzahl niederfrequente Schwingungen, die sich über den Boden übertragen und noch in einigen km Entfernung zu Bau- und Gesundheitsschäden führen können.

Der niederfrequente Schall und die Betriebsgeräusche der Windräder sowie deren fluktuierender Schattenwurf werden als störend und gesundheitsschädlich eingeschätzt, weshalb es große Diskussionen um den einzuhaltenden Abstand zu Wohngebäuden gibt.

8.7.4 Schwere Schäden an Insekten, Fledermäusen und Vögeln

Bezüglich der Umweltschäden durch Windparks muss man die gewaltige Schädigung von Insekten, Fledermäusen und Vögeln, die in Frankreich bereits zu Betriebseinschränkungen (kein Tagesbetrieb im Windpark La Baule) bzw. Abrissanordnungen des Windparks Lunas geführt haben, ebenfalls berücksichtigen.

So dreht sich eine Windturbine der 4 MW-Klasse und 140m Durchmesser 5 – 16 mal in der Minute, dabei legt die Rotorspitze je Umdrehung einen Weg von 439,6 m zurück. Mit 5 Umdrehungen pro Minute ergibt das eine Geschwindigkeit von 36 m/s oder 117 m/s bei 16 Umdrehungen pro Minute. 10 m/s entsprechen 36 km/h, weshalb die Rotorspitze bei 5 U/min eine Geschwindigkeit von 130 km/h hat, bei 16 U/min von 421 km/h. Insekten, Fledermäuse und Vögel, die mit so etwas zusammenstoßen sind absolut chancenlos.

Landwirte werden verpflichtet, zum Schutz der Insekten und Vögel, Teile der Feld- und Wiesenraine freizuhalten, damit diese dort nisten und sich verbreiten können. Nur der Schutz vor Windrädern wurde vergessen. Züge dürfen keine Tunnel mehr benutzen, in denen Fledermäuse wohnen, aber Windkraftwerke dürfen laufen.

Übrigens: Die Betreiber von Wasserkraftanlagen sind bereits seit Jahren verpflichtet, Fischtreppen und ‚Stromzäune' um die Anlagen herum einzuführen, um das ‚Häckseln' von Fischen zu vermeiden. Warum lässt man diese Massaker aber bei Vögeln und Insekten zu? Das ist inkonsequent, wenn man die Natur wirklich schützen will.

8.7.5   Zusammenfassung Windkraft

Die Installation von Windturbinen an Land

Ist wegen geringer Erzeugung (max. 85 Volllasttage) technischer und wirtschaftlicher Nonsens,

Vernichtet eine große Menge von Insekten, Fledermäusen und Vögeln,

Trocknet diese Aufstellfläche komplett aus und verändert das Wetter.

Die Installation auf See bringt

Höhere Erträge (max. 155 Volllastage)

Wartungs- und Stromtransportschwierigkeiten

Gleiche Schwierigkeiten für die Fauna wie an Land.

All diese Schwierigkeiten will man durch ein erweitertes Verbundnetz (Innerdeutsch und Europäisch) beheben, obwohl es durchaus Flautensituationen gibt, in denen in ganz Europa kein Lüftchen weht [1]. Auf jeden Fall muss man deswegen thermische Reservekraftwerke vorhalten, um flautenbedingte Stromausfälle zu vermeiden. Das generiert doppelte Kosten.

8.8   Photovoltaik in Deutschland (51,5 GW)

In Deutschland gibt es, wegen der begrenzten Sonneneinstrahlung, nur Photovoltaikanlagen. In äquatornahen Ländern dagegen auch Solarkraftwerke, die die Strahlung als Wärmequelle benutzen, um damit zunächst Dampf und dann Strom zu erzeugen.

8.8.1   Erzeugung und Anlagentypen

Laut Strom-Report Photovoltaik [30] hat sich die Erzeugung von Solarstrom in Deutschland wie folgt entwickelt:

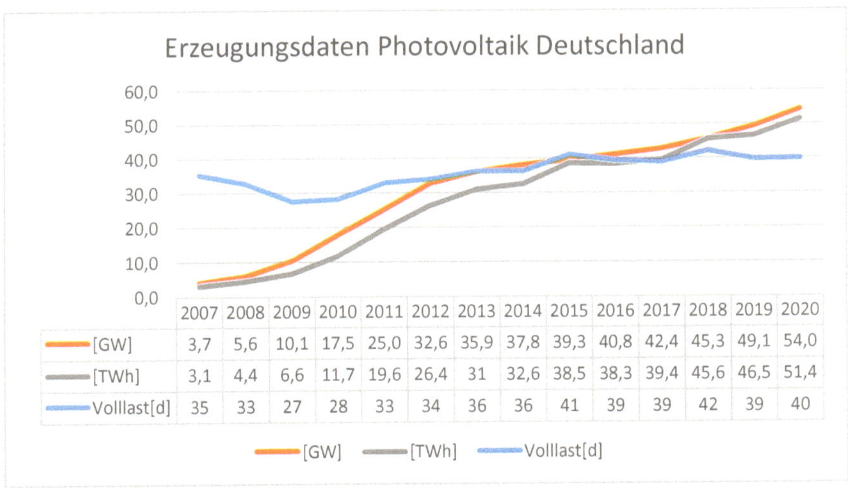

	2007	2008	2009	2010	2011	2012	2013	2014	2015	2016	2017	2018	2019	2020
[GW]	3,7	5,6	10,1	17,5	25,0	32,6	35,9	37,8	39,3	40,8	42,4	45,3	49,1	54,0
[TWh]	3,1	4,4	6,6	11,7	19,6	26,4	31	32,6	38,5	38,3	39,4	45,6	46,5	51,4
Volllast[d]	35	33	27	28	33	34	36	36	41	39	39	42	39	40

Abbildung 43, Erzeugung Photovoltaik Deutschland 2007-2020 (e.D.)

Mit maximal 42 Volllasttagen in 2018 (s. obige Tabelle) ist die Sonne nur halb so lang verfügbar wie der schwache Windstrom an Land. Bedeutet das vielleicht, das zweite Standbein der Energiewende ist noch unzuverlässiger als der Wind an Land?

Gut, man kann niemandem vorwerfen, dass die Sonne nachts nicht scheint, aber sie scheint immer dann voll und stark, im Frühling und im Sommer, wenn man die Energie weniger braucht, s. nachfolgende Abbildung 44, PV-Ertragsverteilung pro Jahr (e.D.), für das Jahr 2020.

Je nach Wetterlage und Bundesland, kann dieser Jahresertrag deutlich variieren, so haben das Saarland und andere weinerzeugende Bundesländer mehr durchschnittlichen Jahresertrag wie z.B. Berlin, mit 86% Ertrag gegenüber dem Saarland.

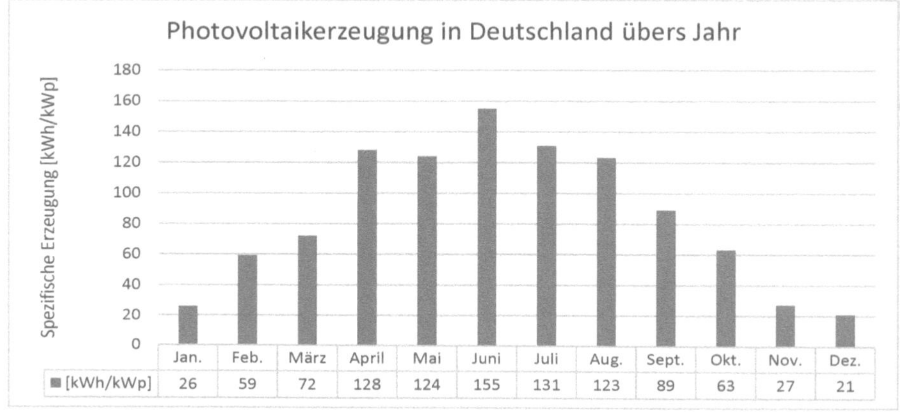

Abbildung 44, PV-Ertragsverteilung pro Jahr (e.D.)

Das heißt, dann wenn man den Sonnenstrom bräuchte, im Winter, steht er, genau wie der Wind, viel seltener zur Verfügung.

Auf die Jahreszeiten verteilt ergibt sich folgendes Bild (2020):

	[kWh/kWp]²	[%]
• Frühling:	407	40
• Sommer:	343	34
• Herbst:	111	11
• Winter:	157	15

Im Sommer kommt noch hinzu, dass die Module bei steigender Modultemperatur weniger Leistung bringen, bei 60°C Oberflächentemperatur zwischen 10 und 20% Leistungsverlust.

Photovoltaikanlagen für Privatnutzer lohnen sich dann, wenn

---

[2] Um große und kleine Anlagen (z.B. 10 kW auf dem Hausdach und einige MW bei Feldinstallationen) vergleichen zu können, dividiert man die Erzeugung in kWh je Standort durch die installierte Spitzenleistung kWp = Kilowatt Peak.

- Der erzeugte Strom zu einem guten Preis nur ins öffentliche Netz eingespeist werden kann und/oder

- Ein Teil selbst verbraucht und batteriegepuffert mitgenutzt wird sowie Investitions- und Unterhaltskosten der Anlage niedriger sind als die am Markt verfügbaren Stromkosten für zugekauften Strom.

Abbildung 45, Photovoltaik auf Hausdach

Der aktuell größte, installierte Solarpark ist der Solarpark Seelow Wintersdorf in Werneuchen (Brandenburg). Auf einer Fläche von 164 ha sollen 465000 Solarmodule installiert und mittels einer installierten Leistung von 187 $MW_{p,el.}$ pro Jahr 187 GWh Strom erzeugt werden. Das ergäbe ca. 41,7 Volllasttage, ein Spitzenwert für Solaranlagen.

Für diese großflächige Anlage gelten folgende Auflagen:
- Die ehemaligen Ackerflächen unter den Modulen sind in Grünflächen umzuwandeln und zu pflegen.
- Die Versiegelung der Flächen ist auf 5% zu begrenzen.
- Die Anlage von Wegen ist nur in Wasser- und luftdurchlässigem Aufbau durchzuführen.
- Herbizide und Pestizide dürfen nicht aufgebracht werden.

Abbildung 46, Photovoltaik Großanlage (pixabay)

8.8.2 Umweltnachteile Photovoltaik

Man sieht an o.g. Auflagen, dass Photovoltaik auch Nachteile für die Umwelt bringt, auf die ich im Folgenden eingehe. (Details findet man unter der Seite www.energiedetektiv.com [31] des vielfach von der österreichischen Bundesregierung ausgezeichneten Energieberaters Dipl.-Ing. Jürgen A. Weigl aus Graz oder seinem Beitrag Klimawandel durch Klimaschutz [32]):

1. Abhängigkeit von Tageszeit und Wetter
   Nachts scheint keine Sonne und bei trübem Wetter ist der Stromertrag eher bescheiden, bei hoher Temperatur geht der Ertrag um bis zu 20% zurück.

2. Flächenversiegelung
   Die Flächen werden versiegelt, es findet kein Feuchtigkeitsaustausch zwischen Wetter und der Pflanzenwelt unter den Modulen statt.

3. Verhinderung von CO2-Umwandlung
   Eine freie Grünfläche absorbiert CO_2 mithilfe des Sonnenlichts und wandelt es in Zucker und Stärke um. Wasser verdunstet an den Blattflächen und kühlt die Umgebung. Schnee im Winter verhindert die Auskühlung des Bodens. Wird die Fläche durch Solarpaneele zugedeckt, funktioniert das alles nicht mehr.

4. <u>Wärmeabgabe und Rückwirkung auf die Umgebung</u>
Laut Weigl [32] wird das Sonnenlicht in den Solaranlagen absorbiert. Etwa 10 – 30% davon werden in elektrischen Strom bei Photovoltaik oder Nutzwärme bei Sonnenkollektoren umgewandelt. Die restlichen 70 – 90% gehen als Abwärme in die umgebende Luft und wirken wie solare Heizkörper in einem überheizten Raum. Die Warmluft steigt nach oben und sorgt für eine Aufheizung der Umgebungsluft, die zu deren Erwärmung und Austrocknung der Umgebung führt. Herr Weigl hat das mit 2 Fotos einer Solaranlage auf freiem Feld, einem normalen und einem Wärmebild in [32] dokumentiert:

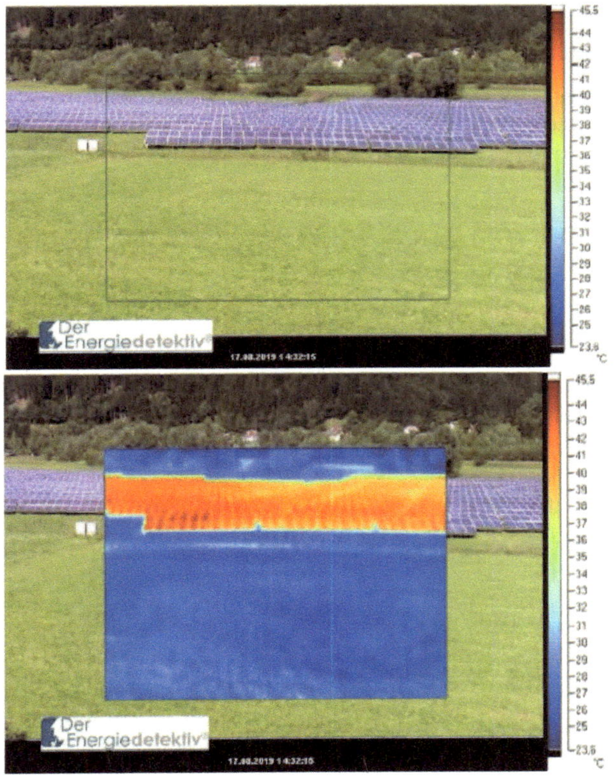

Abbildung 47, Foto und Wärmebild Solaranlage (Jürgen A. Weigl)

Er fragt: *Warum glauben wir eigentlich, dass die damit ver-bundene Erwärmung dem Klimaschutz dient?*

Der Umwelt wird Wärmeenergie zugeführt, dem Boden, seiner Fauna und Flora wird Sonnenenergie vorenthalten.

In Österreich beträgt die mittlere solare Einstrahlung 1200 kWh/m², im nördlicher liegenden Deutschland sind das 1000 kWh/m² Bodenfläche. Diese wird in Photovoltaikanlagen zu 95% absorbiert, 15% davon (142,5 kWh/m²) werden als elektrische Energie genutzt, der Rest (807,5 kWh/m²) geht als Wärme in die Atmosphäre und dies für jeden einzelnen Quadratmeter!

Die Umwelt wird aufgeheizt, der natürliche CO_2-Kreislauf behindert und die direkte Umgebung ausgetrocknet.

<u>Bravo!!</u>

<u>Wenn wir so weiter machen, bekommen wir die Erderwärmung viel schneller hin als beabsichtigt und das mit einer Technologie die enorm viel Geld verschlingt aber noch nicht einmal die dauerhafte und sichere Energieversorgung garantiert!</u>

8.9 BIOMASSE (8,6 GW)

Wie bereits in Kapitel 4.3 Nachwachsende Rohstoffe in Deutschland erläutert, gehören folgende Rohstoffe zu den Grundstoffen für die Energieerzeugung:

- Waldholz (Pellets und Hackschnitzel)
- Agrarholz aus Feldanbau (Pellets und Hackschnitzel)
- Festbrennstoffe (Elefantengras, Chinaschilf, Miscanthus)
- Biomethan

Ideal wäre, nur Schadholz aus dem Wald oder Agrarholz vom Feld (Pappeln, Weiden, Robinien) für die Holzverbrennung zu nutzen. Fritz Vahrenholt wies in seinem Artikel in Tichys Einblick vom 6.2.2021, Der große Ökoschwindel durch Holzverbrennung [33] darauf hin, dass die Europäische Richtlinie für erneuerbare Energien (RED-Renewable Energy Directive) dazu geführt hat, dass Stammholz aus Europäischen Wäldern zu Pellets verarbeitet und verbrannt wurde, weil die Nutzung ‚nachwachsender Rohstoffe‘ mit bis zu 0,2 €/kWh + Bonus von 0,06 €/kWh gefördert wurde. Dies führte dazu, dass mittlerweile ¼ aller gefällten Bäume in Europa zu Biomasse verarbeitet wird.

Laut Vahrenholt stammen mittlerweile 60% der erneuerbaren Energien aus Wäldern und wiederum 60% davon aus Waldholz, womit mehr als ein Drittel der erneuerbaren Energien aus der Holzverbrennung stammt.

Eingesetzt werden Pellets, Hackschnitzel und Festbrennstoffe in Deutschland in kleineren Biomassekraftwerken bis 20 MW Leistung, in Großbritannien stellte der größte Kohlekraftwerksbetreiber DRAX seine Kraftwerke auf Holzpellets um, <u>kassiert dafür pro Tag 2 Mio. £ Subvention und ist auch noch von der CO2-Abgabe befreit!</u>

Das Kuriosum dabei: Holz erzeugt 50% mehr CO2 als Kohlekraftwerke und dreimal so viel wie Gaskraftwerke (siehe Abbildung 6, CO2-Vergleichstabelle der Erzeugungsarten (e.D.)). Laut Vahrenholt dauert es um die 100 Jahre, bis ein nachgewachsener Baum wieder die gleiche CO2-Menge aufgenommen hat wie der vorher Gefällte. 800 Wissenschaftler hätten die EU 2018 aufgefordert, die Förderung von Holzverbrennung zu kippen, aber ohne Erfolg. Auch eine Klage zu diesem Thema wurde am 14.Januar 2021 vom europäischen Gerichtshof abgelehnt.

Das aus Bioreaktoren erzeugte Biomethan wird dagegen, wie Erdgas, in Gaskraftwerken als Brennstoff benutzt.

8.10 LAUFWASSER (3,9 GW)

Ein Laufwasserkraftwerk nutzt das geodätische Gefälle an einem Wehr und das gerade vorhandene Wasserdargebot eines Flusses. Da der Fluss wegen drohender Überflutung des Oberwasserbereiches nicht aufgestaut werden kann muss die Energie dann genutzt werden, wenn sie anfällt. Allerdings haben die für Laufkraftwerke genutzten Kaplanturbinen einen Wirkungsgrad von über 90%. Sie laufen mit Ausnahme von Hochwasserperioden, Reparatur und Wartungszeiten rund um die Uhr, in der Regel 8000 h oder 330 Tage im Jahr. Allerdings schwankt das Wasserdargebot übers

Jahr, weshalb man im Sommer weniger und im Winter viel planbare Stromerzeugung generiert, da Flusswasser in der Regel immer fließt.

Als Beispiel für ein modernes Laufwasserkraftwerk sei das Kraftwerk Rheinfelden genannt, das 2010 in Betrieb ging.

Die jährliche Stromerzeugung beträgt 600 000 MWh bei einer installierten Turbinenleistung von 100 MW. Es ist ganzjährig in Betrieb mit 4 Rohrturbinen und 6000 Volllaststunden oder 250 Volllasttagen:

Abbildung 48, Laufwasserkraftwerk Rheinfelden (Google Earth)

Bei Wasserkraftwerken besteht weiterhin ein zeitlich begrenzter Vergütungsanspruch nach dem EEG, wobei dieser bei Kleinanlagen bis 500 kW 0,125 €/kWh beträgt und danach gestaffelt zurückgeht bis er bei Großanlagen über 50 MW 0,034 €/kWh beträgt.

8.11 SPEICHERWASSER (0,99 GW)

Speicherkraftwerke sind in Deutschland wegen der Topographie und der dichten Besiedelung relativ selten, im Gegensatz zu Norwegen, die fast 90% ihres Energiebedarfes aus Speicherseen decken. Ist ein Fließgewässer, der Platz und der oberwasserseitige Stauraum vorhanden baut man eine Staumauer und kann nun das Wasser bewirtschaften, d.h. dann Strom erzeugen, wenn man ihn braucht. Ein Beispiel hierfür ist das Wasserkraftwerk Hemfurth II an der linken Seite der Edertalsperre:

Abbildung 49, Damm und Kraftwerk Hemfurth II (pixabay)

Die Leistung des Kraftwerkes Hemfurth II beträgt 20 MW, betrieben wird es bei Bedarf und vor einer Hochwasserentlastung der Sperre.

8.12 SONSTIGE ENERGIETRÄGER (1,3 GW, ERNEUERBAR)

Laut EEG sind ‚sonstige erneuerbare Energien' Energiearten, die nach EEG nicht gefördert werden. Das ist z.B. Windstrom aus Dänemark, der, da aus dem Ausland kommend, bei uns nicht gefördert wird.

9. VERKEHR

Im Verkehrssektor ist der Endenergieverbrauch in der BRD von 1950 bis 1990 um das Vierfache gestiegen, danach wurde der Energieverbrauch der neuen Bundesländer mitgezählt (s. Sprung 1990 durch Addition des dortigen Verbrauches) und die Kurve flachte zunächst etwas ab [34].

Vom Jahr 2000 bis 2010 ging der Verbrauch etwas zurück, bis er ab 2010 wieder anstieg.

Hauptenergieverbraucher ist nach wie vor der Individualverkehr (mittelgrau), weiter unten folgt ein schmaler Streifen Busverkehr (hellgrau), dann der Lkw-Güterverkehr (dunkelgrau), gefolgt vom Schienenverkehr (rosa), dem Luftverkehr (orange) und ganz unten der Schiffsverkehr (dunkelblau).

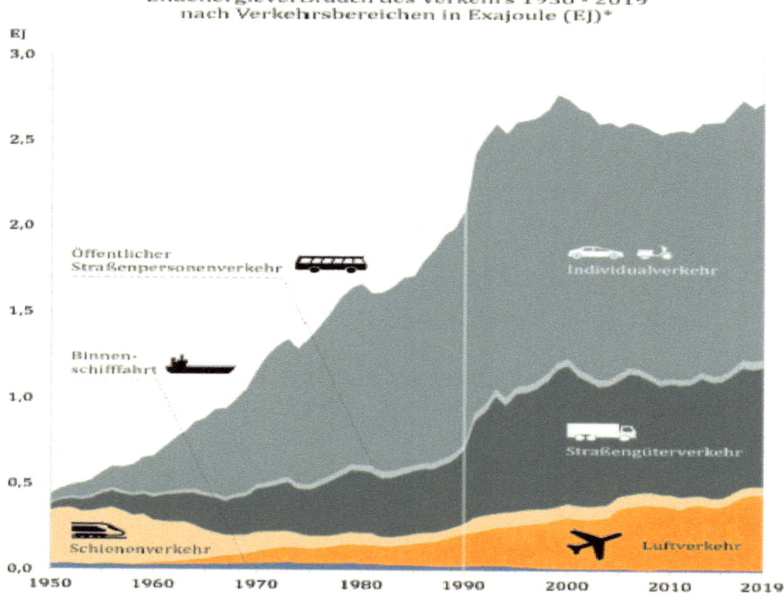

Abbildung 50, Endenergieverbrauch Verkehr 1950-2019 BRD (BMVI)

Die Energieversorgung wird im Wesentlichen bei der Bahn mit Bahnstrom sichergestellt, in allen anderen Transportarten dominieren immer noch Kraftstoffe oder Gase.

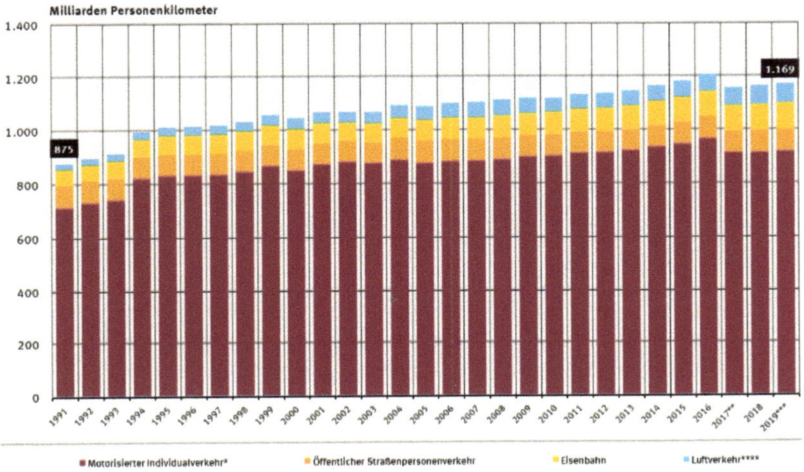

Abbildung 51, Personenverkehrsleistung/Verkehrsmittel (BMVI)

Abbildung 51, Personenverkehrsleistung/Verkehrsmittel (BMVI) bestätigt das Ergebnis des Energieverbrauches, d.h. im Personenverkehr dominiert der Individualverkehr (lila), gefolgt vom öffentlichen Straßenpersonenverkehr mit Taxis und Bussen (ocker), der Eisenbahn (gelb) und dem Luftverkehr (hellblau).

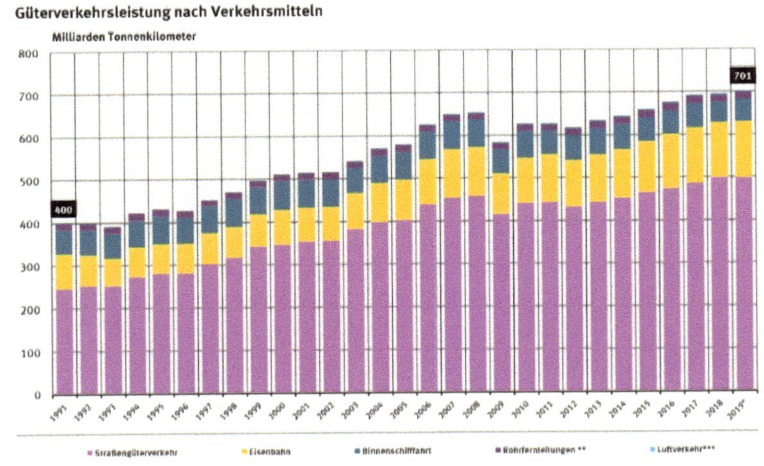

Abbildung 52, Güterverkehrsleistung/Verkehrsmittel (BMVI)

Beim Güterverkehr sind die Verhältnisse ähnlich, es dominiert der Straßengüterverkehr (lila), gefolgt von der Eisenbahn (gelb), der Binnenschifffahrt (marineblau), dem Pipelinetransport (dunkel-lila) und dem Luftverkehr (hellblau, wegen geringem Transportanteil fast unsichtbar in Abbildung 52).

Wir fahren meist privat oder beruflich mit dem Pkw und transportieren den überwiegenden Teil der Güter per Lkw.

Das Ergebnis ist bekannt:

Wir stehen regelmäßig im Stau und die Straßen müssen wegen der hohen Verkehrsbelastung permanent repariert werden:

Staus auf deutschen Strassen (ADAC)		
Jahr		Stauanzahl
2010		185.000
2011		189.000
2012		285.000
2013		415.000
2014		475.000
2015		568.000
2016		694.000
2017		723.000
2018		745.000
2019		708.500
2020		679.000

Abbildung 53, Staus auf deutschen Straßen (e.D.)

Das liegt allein an der zu hohen Verkehrsbelastung mit Pkws, Kombis und Lkws, aber auch an der begrenzten Verkehrsfläche in unserem relativ kleinen Land.

Vergleicht man in der Welt den Quotienten aus der Länge der Straßen und der verfügbaren Landesfläche stellt man fest, Deutschland steht mit der Straßendichte weltweit auf Platz 2 hinter Japan:

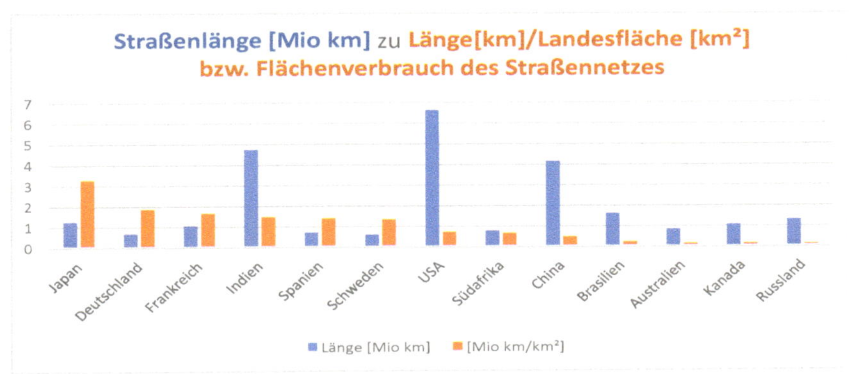

Abbildung 54, Straßenlänge je Landesfläche (e.D.)

Die hohe Straßenbelastung zeigt sich nicht nur an den immer mehr werdenden Baustellen, sondern auch am permanent steigenden Investitionsbedarf in die Verkehrsinfrastruktur:

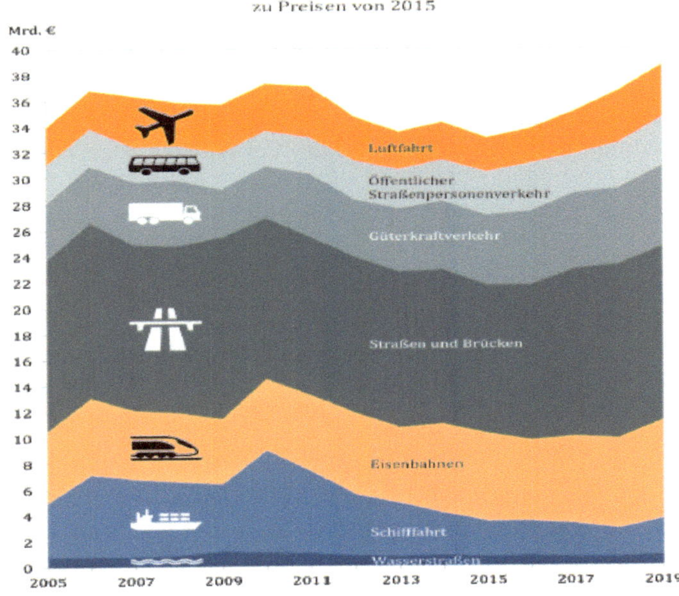

Abbildung 55, Bruttoanlageinvestitionen Verkehrsinfrastruktur (BMVI)

Warum überlegen wir nicht einfach, ob es anders besser geht? Egal welcher Antrieb die Straßenfahrzeuge antreibt, Straßenbelastung und Staus bleiben gleich.

Gibt es da keine Alternativen?

Die Allianz pro Schiene hat eine Aufstellung gemacht, wie hoch der spezifische Energieverbrauch der einzelnen Verkehrsarten ist:

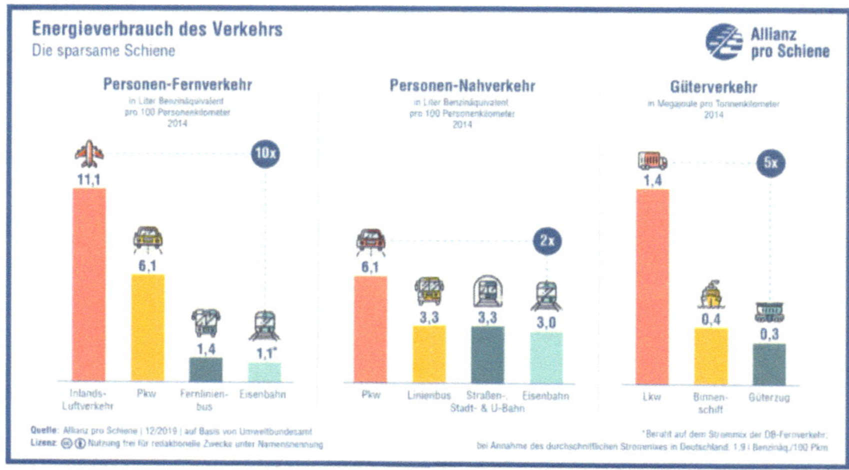

Abbildung 56, Energieverbrauch des Verkehrs (Allianz pro Schiene)

Dabei kommen sie zu folgendem Ergebnis:

1. Personenfernverkehr

Die Bahn schneidet wegen geringem Rollwiderstand und hoher Personentransportkapazität am besten ab, gefolgt von Fernbus, Pkw und Flugzeug.

2. Personennahverkehr

Hier ist der Energieverbrauch der Bahnen 3-mal höher als im Fernverkehr, bedingt durch die häufigen Brems- und Beschleunigungsvorgänge an den Haltestellen. Der Bus kann aufgrund seines gegenüber der Bahn geringeren Gewichts beim Energieverbrauch mithalten. Der Pkw verbraucht im Nahverkehr doppelt so viel Energie wie die Bahn.

3. Güterverkehr

Das Güterschiff ist der Bahn bzgl. spezifischem Transportvermögen überlegen, aber wegen des geringen Rollwiderstandes auf der Schiene gegenüber dem Strömungswiderstand am Schiffskörper und dem Propellerantrieb mit Schlupf bleibt die Bahn energetisch günstiger. Lkws verbrauchen wegen ihres hohen Rollwiderstandes und geringem spezifischen Ladevermögen 5-mal mehr Energie als die Bahn.

Abbildung 57 zeigt welchen Vorteil die Bahn beim Massenanfall von Personen- und Güterverkehr auf den Hauptstrecken bietet. Ein ICE schafft so viele Personen wie in den Pkws, genau wie ein 740m langer Güterzug die gezeigten 52 Container-Lkws ersetzt.

Abbildung 57, Vergleich Bahn/Individualverkehr

Zudem gingen überall, wegen verbesserter Technik, die Schadstoffbelastungen zurück, nur nicht im Straßenverkehr, weil die erzielten Verbesserungen im Abgassystem der Fahrzeuge [1] sofort wieder durch mehr Straßenverkehr getilgt wurden.

Abbildung 58 (nächste Seite) zeigt die Bilanz der emittierten CO_2-Äquivalente von 1990 bis 2020.

Während überall die Emissionen abnahmen, blieben sie im Verkehr gleich (1990: 165 Mio. t; 2019, vor Corona: 166 Mio. t; 2020 nach Corona-Lockdown: 147 Mio. t), wobei aber die Verkehrsleistung von 1990 bis 2019

- im Personenverkehr (Abbildung 51) um 34 % zunahm,
- und im Güterverkehr (Abbildung 52) um 75 %.

Das heißt, wenn wir mehr Verkehr von der Straße auf die Schiene verlagern, verringern wir

1. die Zahl und Länge der Staus auf den Straßen,
2. Anzahl und Umfang der Straßenreparaturen,
3. die Abgasbelastung im Straßenverkehr.

Auch mit Elektroautos statt Verbrennern werden wir an Staus und Straßenbelastung nichts ändern und die Abgasbelastung sinkt mit Elektroautos nur dann, wenn der Ladestrom nicht mit fossilen Energien erzeugt wird. Das bleibt unwahrscheinlich, da Wind- und Solarstrom wenig verfügbar sind und Kernkraftwerke bei uns bis 2022 abgestellt werden.

Verlagerte man stattdessen mehr Verkehr auf die Schiene, reformierte die Bahn mit hauseigenen Managern wie in A, CH und Japan, baute und reparierte man Bahnfahrzeuge bei den Lkw-Herstellern blieben Arbeitsplätze erhalten und die Umwelt würde geschont. Mehr hierzu in meinem Buch ‚Damit die Lichter weiter brennen' [1].

10. CO2-EMISSIONEN IN DEUTSCHLAND

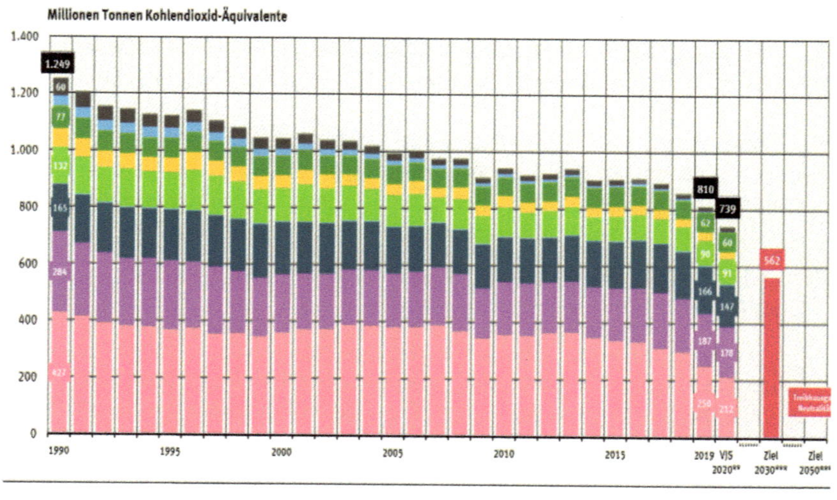

Abbildung 58, CO2-Emissionen Deutschland (UBA)

Letztlich hat sich in den vergangenen Jahren, trotz teilweisem Kernkraftausstieg bei der Verringerung der Emissionen von CO_2-Äquivalenten bereits viel getan.

So verringerten sich diese seit 1990 bis 2020

	[Mio. t CO_2]	[%]
• In der Energiewirtschaft von	427 auf 212	50 %
• In der Industrie von	284 auf 178	37 %
• Im Verkehr von	165 auf 147	11 %
• In den Haushalten von	132 auf 91	31 %
• In G, H, D + Sonstige	104 auf 51	51 %
• In der Landwirtschaft von	77 auf 60	22 %

Also insgesamt von 1249 auf 739 Mio. t CO_2,   41 %.

Diese Verringerung war wegen des Corona-Shutdowns etwas höher, ohne diesen waren es 2019 immerhin 35%.

Allerdings wurden in dieser Aufstellung die CO_2-Emissionen aus den als ‚klimaneutral' definierten Verbrennungsprozessen von Biomasse vom Umweltbundesamt nicht betrachtet.

Kommen diese noch hinzu, sieht die Bilanz etwas anders aus:

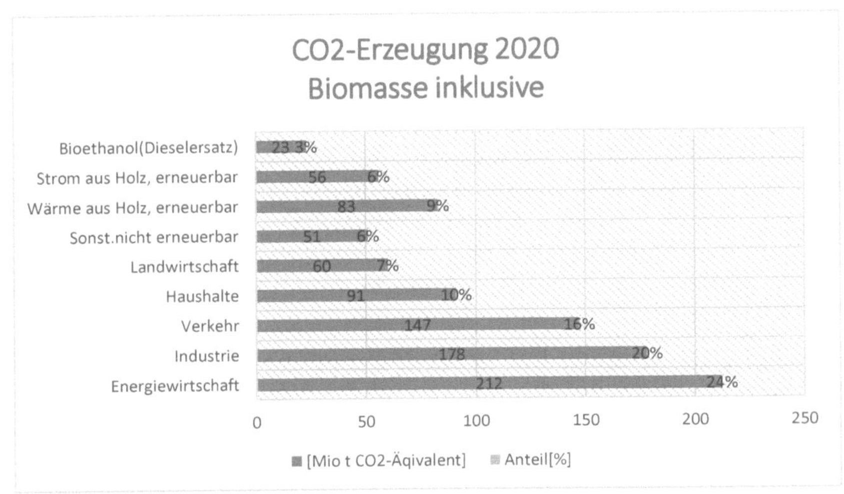

Abbildung 59, CO2-Bilanz 2020 inklusive Biomasse (e.D.)

Zählt man korrekterweise die CO2-Erzeugung aus Biomasse hinzu, kommt man **2020 trotz Corona-Shutdown auf 901 Mio. t CO2-Äquivalente.**

Das ist noch weit weg von der, nach Intervention des Bundesverfassungsgerichtes, für 2030 gesetzlich vorgeschriebenen Reduktion um 65% gegenüber 1990, also von 1249 auf 437 Mio. t CO2-Äquivalent.

Allein der jetzige Anteil der Biomasse an der CO2-Erzeugung beträgt bereits 162 Mio. t CO2-Äquivalent, das sind bereits 37% des o.g. Zielwertes.

Deshalb mein Appell:

Ruinieren wir nicht unsere Volkswirtschaft durch Umstellung auf Verbrennungsverfahren <u>die im Ergebnis die gleiche oder, bei Holzverbrennung, eine höhere CO2-Belastung</u> bringen als mit fossilen Energieträgern!

11. VERSCHÄRFUNG DES KLIMAWANDELS DURCH KLIMASCHUTZMASSNAHMEN

Ich bin überzeugt, alle bisher begonnenen Klimaschutzmaßnahmen sind gut gemeint, aber wenn man nicht alle Seiten einer Medaille betrachtet, endet das später im Chaos. Wenn man Negativaspekte einer Maßnahme nicht berücksichtigt, darf man sich später nicht wundern, dass sie das Gegenteil von dem bewirkt, was sie soll.

Der österreichische Energieexperte Dipl.-Ing. Jürgen A. Weigl hat in vielen Schriften (Der Energiedetektiv) auf die Problematik der Erderwärmung durch Photovoltaik und menschliche Bauten im Gegensatz zur naturbelassenen Umwelt hingewiesen (s. Kapitel 11.1 und 11.2).

Bei der Windkraft gibt es bereits einige Studien, die sich mit der durch große Windparks verursachten Erwärmung und der Veränderung der Luftströmung sowohl innerhalb als auch stromab davon befassen.

Auch CO_2-arme oder -freie Ersatzbrennstoffe verursachen zumindest höhere Energieverluste bei der Produktion, was sich in der Wärmebilanz niederschlägt.

Alle o.g. Studien stellen fest, dass der CO_2- und Feuchteaustausch mit der Umgebung einen wesentlichen Einfluss auf das Klima und die Austrocknung von Atmosphäre und Boden haben. Dies war bisher in der Diskussion nicht berücksichtigt worden.

11.1 ERWÄRMUNG DURCH PHOTOVOLTAIK

Wie bereits im Kapitel 8.8 erwähnt und von Dipl.-Ing. Jürgen A. Weigl in [32] im Detail erläutert, haben Photovoltaikanlagen einen elektrischen Wirkungsgrad von 10 − 20%, absorbieren aber 95% der gesamten Wärmeeinstrahlung. Das Solarpaneel erhitzt sich und gibt die gesamte Abwärme als konvektive Wärme, wie bei einem Heizkörper, wieder an die Umgebung ab.

Das bedeutet mit 20% Energieerzeugung und 80% Abwärme gehen in Deutschland bei einer Jahresstromerzeugung von 51,4 TWh (2020) **257 TWh an Wärme in die Atmosphäre**.

11.2 ERWÄRMUNG DURCH BAUWERKE, TECHNISCHE OBERFLÄCHEN UND FEHLENDE VERDUNSTUNG

Herr Weigl hat zudem umfangreiche Temperaturmessungen im Vergleich zwischen der unberührten Wald- oder Graslandschaft und technischen Installationen durchgeführt. Er kommt in [35] zu folgendem Schluss (**Zitat in *Kursivdruck***):

Der Energiedetektiv muss daher feststellen: Der gemessene Temperaturanstieg in der Atmosphäre ist nachvollziehbar durch menschliche Aktivitäten beeinflusst.

Der wirksame Mechanismus ist tatsächlich mit erhöhter Absorption von Solarenergie verbunden, aber nur indirekt mit CO2 verknüpft.

Die erhöhte CO2-Konzentration der Atmosphäre ist ein Indikator für den weltweit gestiegenen Wohlstand der Menschen und deren, durch fossile Energieträger, erhöhten Arbeitsleistung.

Diese höhere Arbeitsleistung erzeugt technische Flächen, an denen mehr Sonnenlicht absorbiert und in Wärme umgesetzt wird. Die Prozesse, wie Sonneneinstrahlung im bodennahen Bereich verarbeitet wird, ändern sich.

Die Theorie, dass die Zunahme der CO_2-Konzentration zum Klimawandel führt, ist schlichtweg falsch und unhaltbar. Tatsächlich ist die Absorption an neuen technischen Flächen die Ursache für die Temperaturzunahme.

Das Ursache-Wirkungs-Prinzip für eine steigende Lufttemperatur ist damit völlig anders als es im Zusammenhang mit den Klimaschutzbemühungen präsentiert wird....

Herrn Weigls Aussage deckt sich auch mit meinen bisherigen Überlegungen. Die CO_2-Erzeugung ist mit der Industrialisierung angestiegen, weil Energie in der Vergangenheit fast ausschließlich durch Verbrennung fossiler Brennstoffe erzeugt wurde, was selbstverständlich zu Abwärme (=Erderwärmung) und CO_2 als Abfallprodukt geführt hat.

Die Abwärme aus technischen Prozessen sowie jene aus der von Herrn Weigl beschriebenen Abwärme von technischen Oberflächen führen zur Erderwärmung, nicht das mehr oder minder Vorhandensein eines Abgases.

Herr Weigl hat in [35] ebenfalls sehr eindringlich beschrieben, wie CO_2 mithilfe des Sonnenlichtes von der Natur verarbeitet wird, Stärke erzeugt sowie Sauerstoff und **Feuchte** freisetzt. Die fehlende Freisetzung von Feuchte ohne Photosynthese, versiegelte Oberflächen und fehlende Kühltürme trocknet die Atmosphäre aus und verändert das Wetter. All dies wird in den ‚grünen' Szenarien nicht betrachtet, genau wie der CO_2-Ausstoß bei der Verbrennung von Biomasse.

11.3 KLIMAVERÄNDERUNG DURCH WINDKRAFTWERKE

Warum erzeugen Windkraftwerke auf See mehr Energie?

Zum einen, weil auf See mehr Wind weht, zum anderen aber auch, weil die mit dem Wind strömende Luft auf der relativ glatten Seeoberfläche weniger abgebremst wird als an Land.

Windparks nehmen sehr viel Energie aus dem Wind, die danach fehlt, um Ausgleichsströmungen zwischen Hoch- und Tiefdruckgebieten zu ermöglichen oder zu beschleunigen. Dies kann, wie im Extremfall am 14. Juli 2021 in Rheinland-Pfalz und Nordrhein-westfalen geschehen, zu stehenden Wetterlagen beitragen, die ortsfeste Unwetter ermöglichen, welche an einem Ort enorme Schäden verursachen. Am CO2-Anstieg kann es nicht liegen, sonst hätte das ‚Magdalenenhochwasser‘ vom 22. Juli 1342 mit Zehntausenden von Toten am und im Umfeld des Rheins, nicht stattfinden können.

Die Universität Braunschweig hat bei Messflügen hinter 2 großen Windparks in der Nordsee festgestellt [36], dass hinter den Windparks Flautenzonen von bis zu 50 km Ausdehnung entstehen können, so bremsen Windturbinen den Wind aus. Das geht sogar so weit, dass Windturbinen, die stromab von anderen Windturbinen liegen, weniger Energie abbekommen, weil sie von den stromauf gelegenen ‚beschattet‘ werden. Neuere Planungen berücksichtigen diesen Effekt und setzen die Turbinen weiter auseinander.

Am 4. Oktober 2018 veröffentlichte die ‚Harvard Gazette‘ einen Artikel genannt ‚Die Kehrseite der Windkraft, Windparks verursachen mehr Umweltbelastung als bisher angenommen‘[37]. 2 Studien der Harvard University hatten festgestellt, dass der Übergang zu Wind- und Sonnenenergie in den USA fünf bis zwanzigmal mehr Land erfordern würde als angenommen, weil sich Windturbinen in Windparks gegenseitig beeinflussen und den Wind wegnehmen. Deswegen müssten sie weiter auseinandergestellt werden. Würden große Windfarmen gebaut, stiegen zudem die durchschnittlichen Oberflächentemperaturen über den kontinentalen USA um 0,24°C!

David Keith stellte nach der Studie fest (*Zitat*):

‚Die direkten Auswirkungen der Windkraft sind augenblicklich, während sich die Vorteile reduzierter Emissionen nur langsam ansammeln‘.

Tagsüber stiegen die Temperaturen in der Atmosphäre um 0,24°C, nachts sogar um 1,5°C, weil Windkraftwerke die Luft in Bodennähe aktiv mischen, anwärmen und Kondensation verhindern.

Es ist wie überall in der Technik: Zu groß und zu viel ist nie eine gute Lösung.

Auf alle Fälle sollte der Trocknungseffekt und der Bremseffekt des Wetters durch Windparks bei zukünftigen Projekten berücksichtigt werden, bevor man sie installiert.

12. ERZEUGUNG VON GRÜNEM WASSERSTOFF

Grüner Wasserstoff (mit erneuerbarer Energie aus Wind- oder Sonnenkraft durch Elektrolyse erzeugt) wird zurzeit als Retter aller Probleme gesehen.

Es gibt keinen Zweifel, dass dieser umweltfreundlich erzeugt werden kann, nur sind Erzeugungsaufwand und -verluste aktuell extrem hoch.

Um ein kg Wasserstoff (H_2) zu erzeugen braucht man 55 kWh an Energie und je kg H_2 9 Liter Wasser. Für den Transport muss dieser Wasserstoff laut cleanenergypartnership.de [35] entweder auf mindestens 250 bar verdichtet oder auf -253°C heruntergekühlt werden. Auch das kostet laut Wikipedia bei der Kompression ca. 12% und bei der Verflüssigung ca. 20% der verfügbaren Energie. Beim Transport muss der Wärmeeintrag von außen entweder

- bei Druckspeicherung durch Ablassen über ein Sicherheitsventil bzw. direkte Verbrennung im Transportfahrzeug oder

- bei Niedrigtemperaturlagerung durch Kühlung kompensiert werden.

Beide Maßnahmen führen zu weiteren Verlusten, bis der Wasserstoff technisch genutzt werden kann.

Am Ende hat man einen vielseitig einsetzbaren Brennstoff mit einem Heizwert von 33,3 kWh/kg.

Nachfolgende Unterkapitel sollen einen Überblick darüber vermitteln, welcher Aufwand erforderlich wäre, die gesamte Energieversorgung auf Wasserstoff umzustellen, wenn wir Kernkraft bei uns nicht weiter nutzen und keinen Strom importieren.

Die endgültige Lösung wird sicherlich weniger Wasserstoff benötigen, aber dazu muss das ganze Energiekonzept neu aufgesetzt werden sowie zeitlich und wirtschaftlich realisierbar sein.

12.1 WASSERSTOFFMENGE FÜR GESAMTEN PRIMÄR-ENERGIEVERBRAUCH 2020 IN DEUTSCHLAND

Unabhängig von möglichen Teillösungen der weiteren Energie-verwertung von z.B. Photovoltaik, Wind- und Wasserkraft soll hier der Rahmen abgesteckt werden, über welche Energie- und Transportmengen wir maximal reden, wenn wir von Wasserstoffwirtschaft sprechen. Deswegen arbeiten wir auch mit der bereitgestellten Primärenergie, dem rohen Energieträger, so als ob ganz Deutschland nur mit Wasserstoff versorgt werden würde.

Laut Statista verbrauchten wir in Deutschland im Jahre 2020 11,8 Exajoule (EJ) an Primärenergie, das sind **3277,8 TWh.**

Mit der gesamten Windkraft haben wir in Deutschland 2020 141 TWh an Energie erzeugt, mit Photovoltaik 41,4 TWh.

Beide Werte zusammen **(182,4 TWh) entsprechen 5,6%** der o.g. Energiemenge, das heißt in Deutschland werden wir wegen der Volatilität von Wind- und Solarstrom nicht in der Lage sein, den kompletten Bedarf an Wasserstoff zu erzeugen.

12.2 ERZEUGUNG MIT SOLARHYBRIDKRAFTWERK

Abbildung 60, Solar-Hybridkraftwerk Ain Béni Mathar (Google Earth)

Der Autor war als Projektdirektor verantwortlich für den Bau des Solarhybridkraftwerkes Ain Béni Mathar in Marokko (s. 8.3.2), das aus einem Kombiblock (2 Gasturbinen + 1 Dampfturbine) mit

448 MW und einem Solarteil mit 20 MW elektrischer Leistung bestand.

Dieser Solarteil (s. blaue Vertikalstreifen auf o.g. Luftbild) umfasste 2640 Hohlspiegel in deren Brennpunkt ein Wärmeträgerrohr die Solarstrahlung aufnahm und deren Energie über ein Wärmeträgeröl dem Kesselwärmetauscher zugeführt wurde, der den Kessel zusätzlich beheizte. Die von den Spiegeln eingenommene Aufstellfläche betrug 0,8 km².

Somit waren an ca. 300 Tagen täglich von 8 - 18 Uhr 20 MW elektrische Leistung des Solarteils verfügbar, das heißt

200 MWh täglich à 300 Tage = 60.000 MWh/a.

Wollten wir mit diesem Arrangement 3277,8 TWh erzeugen, bräuchten wir 3.277.800.000 MWh/60.000 MWh * 0,8 km², das wären 43.704 km² oder eine Fläche von 209 km x 209 km. Und dies wäre nur mit vielen Einzelanlagen von maximal 4 km² möglich, weil die Pumpstrecken für das Wärmeträgeröl wegen der Strömungsverluste nicht länger als ca. 2 km werden sollten. Das heißt man bräuchte ca. 43.704/4 = 10.926 Einzelanlagen von der 4-fachen Größe von Ain Béni Mathar.

Ein zusätzliches Problem käme noch hinzu, die Verschmutzung der Spiegel sowie der Wasserbedarf fürs Putzen und die Wasserstofferzeugung:

Die 2640 Spiegel mussten alle 3 Tage mit auf 2 Unimog montierten Waschanlagen gereinigt werden, mit ca. 5 Liter Wasser pro Spiegel. Bei einer Runde wurden 13,2 m³ Wasser nur fürs Putzen verbraucht, die im nahegelegenen Wadi durch Flusswasser nachgefüllt werden konnten. Bei 300 Betriebstagen waren das allein fürs Putzen 1320 m³.

Für die Gesamterzeugung von 3277,8 TWh bräuchte man das 54630-fache an Putzwasser, das wären 72.111.111 m³!

Bei der Wasserstofferzeugung für die in Deutschland benötigte Energiemenge sieht es noch schlimmer aus.

Um den Primärenergiebedarf von 3277,8 TWh (s. 12.1) bei einem Heizwert von 33,3 kWh/kg zu decken, benötigten wir eine Wasserstoffmenge von: 98,43 Mt H2 und dazu 9 Liter Wasser, um allein 1 kg Wasserstoff per Elektrolyse erzeugen zu können.

Wasserbedarf für Elektrolyse: 885 885 886 m³ Wasser, das wären bei 40 m³ Fassungsvermögen 22 147 147 Tankwagen der unten gezeigten Größe:

Abbildung 61, Tankwagen mit 40 m³ Ladevolumen (Porsgaard)

Wahrscheinlich gibt es wirksamere Technologien zur grünen Wasserstofferzeugung als diejenige von Ain Béni Mathar.

Aber die Größenordnung an benötigter Energie und an Wasser zeigt auf, dass große H2-Mengen in der Wüste nicht produziert werden können.

Mit den Methoden von Ain Béni Mathar benötigte man für den gesamten Primärenergiebedarf Deutschlands von 11,8 EJ (2020):

- Eine Fläche mit Hohlspiegeln von: 209 km x 209 km
- Einen Putzwasserbedarf von: 72.111.111 m³
- Einen Produktionswasserbedarf
  von 9 Liter Wasser pro kg H2: 885 885 886 m³

Selbst wenn man nur 33,5% der o.g. Energiemenge an Wasserstoff für den Ersatz von Öl und Gas im Verkehr benötigte (Anteil s. Abbildung 22, Energieanwendungen in allen Sparten 2019 (e.D.)) sind die Mengen an Solarfläche und Wasser so gewaltig, dass man in der Wüste nur einen Teil produzieren kann. Auch mit effizienteren Technologien wird genau so viel Wasser benötigt.

<u>Daher wird grüner Wasserstoff nur eine Nischenanwendung bleiben, als Gesamtkonzept taugt er nicht!</u>

13. KOSTEN DER ENERGIEWENDE

Eigentlich sollte die Energiewende dazu beitragen, die Qualität der Luft, des Wassers und des Klimas zu verbessern. Wenn das dazu führt, dass langfristig die Lebenshaltungskosten sinken, wie z.B. bei der besseren Wärmeisolation eines Hauses, welche die Heizkosten senkt, halte ich solche Maßnahmen für sinnvoll.

Führt es aber dazu, dass die Kosten steigen und ich erfahre keine Verbesserung der Lebensqualität, lehne ich solche Maßnahmen ab.

Nachfolgende Ausführung listet diese Kosten auf und gibt am Ende eine Bewertung ab.

13.1 HÖCHSTE STROMKOSTEN EUROPAS

Deutschland hat wegen vielfältiger Zusatzabgaben auf den Strompreis die höchsten Stromkosten der Welt:

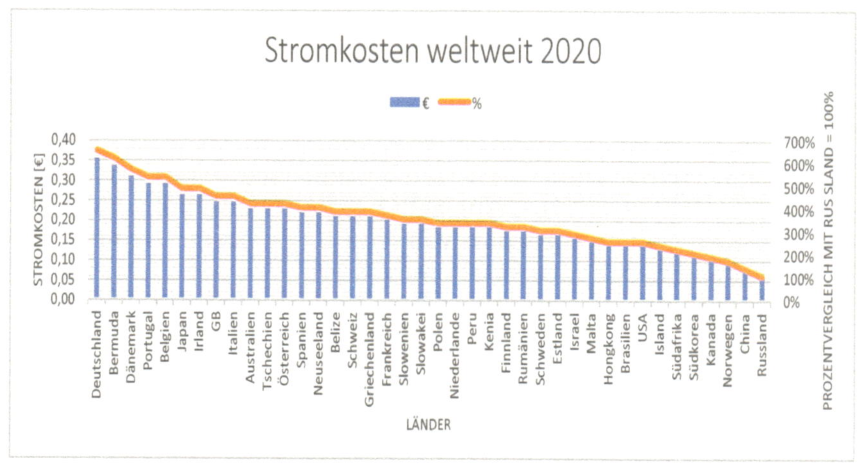

Abbildung 62, Strompreise 2020 Statista (e.D.)

Die deutschen Strompreise haben sich seit 2012 folgendermaßen (laut Strom-Report [38]) folgendermaßen entwickelt:

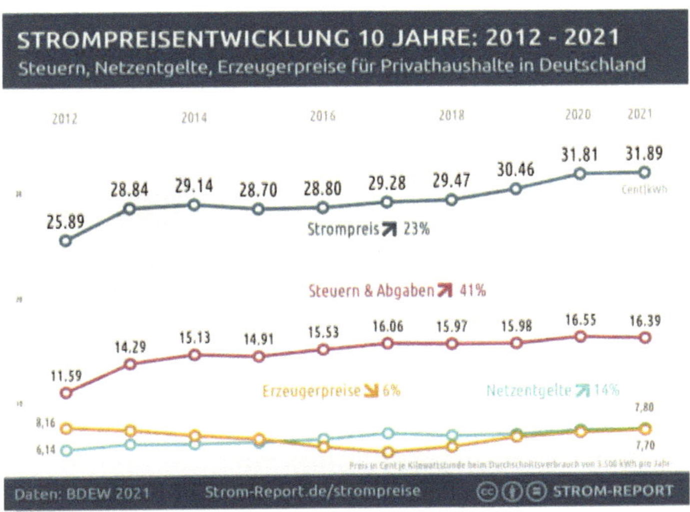

Abbildung 63, Strompreisentwicklung Privathaushalte D 2012-2021 (STROM-REPORT)

Die Kosten für die Aufschläge trägt hauptsächlich der Privathaushalt (36% Kosten bei 19% Anteil am Stromverbrauch):

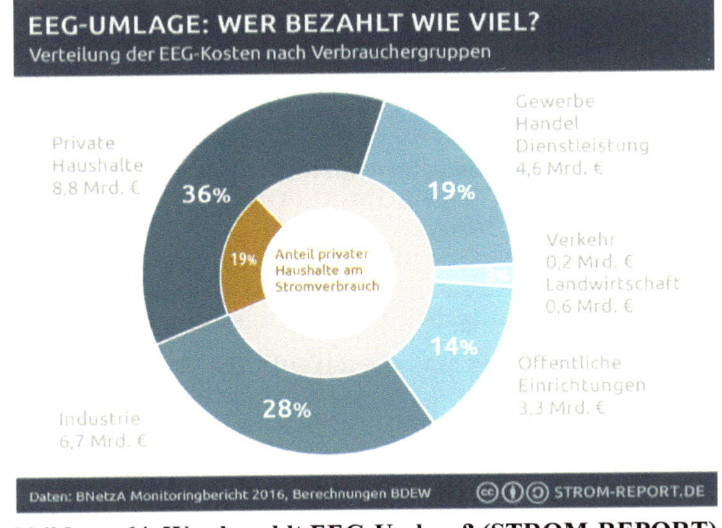

Abbildung 64, Wer bezahlt EEG-Umlage? (STROM-REPORT)

Bereits im März 2020 (Statista), noch ohne CO2-Abgabe, hatte Deutschland die höchsten Strompreise der Welt, mit 0,35 €/kWh gegenüber z.B. Russland mit 0,05 €/kWh. Somit hat Deutschland im Vergleich zu Russland (100%) einen Strompreis von 650%, also das 6,5-fache Russlands.

Im Januar 2021 war er etwas niedriger, aber die Tendenz gegenüber der Welt bleibt wegen der vielen Abgaben immer gleich.

Laut BDEW-Statistik Januar 2021 hat er folgende Struktur:

Abbildung 65, Aufteilung Strompreis Deutschland Januar 2021…. (STROM-REPORT)

Das heißt, Stromerzeugung und Netzentgelt zusammen betragen 0,158 €, das wäre noch auf dem Niveau von Schweden und Estland, aber die Zusatzabgaben machen den Preis kaputt.

Und als Sahnehäubchen obendrauf: Die Mehrwertsteuer von 19% on top, die auf alle o.g. Preisbestandteile einschließlich der neuen CO2-Abgabe noch draufgeschlagen wird! (Gilt übrigens für alle Energiebezüge, ob an der Steckdose, Tankstelle oder beim Heizölbezug).

Nun zu den Zuschlägen im Einzelnen:

13.1.1 EEG-Umlage 2021

Die erneuerbare Energie-Gesetz (EEG)-Umlage erhält jeder Stromerzeuger, dessen Anlage im Rahmen des EEG-Gesetzes gefördert wird. Dies sind im Einzelnen (nach einer Prognose der Netzbetreiber [39]):

- Wasserkraft (ohne Pumpspeicherung!)
- DGK-Gase
- Energie aus Biomasse
- Geothermie
- Windenergie
  - An Land
  - Auf See
- Solare Strahlungsenergie

Im Wesentlichen dient diese Umlage zum Ausgleich der Mehrkosten gegenüber den bisherigen, konventionellen Energieträgern.

Die von o.g. Netzbetreibern errechnete EEG-Umlage beträgt für 2021:

$$+9{,}651 \text{ €-cent/kWh}$$
$$\underline{-3{,}151 \text{ €-cent (Bundesanteil)}}$$
$$+6{,}500 \text{ €-cent / kWh}$$

wobei der Bundesanteil durch zusätzliche Steuern finanziert wird. Der Bürger wird nicht entlastet.

13.1.2 Konzessionsabgabe

Die wird Gemeinden dafür bezahlt, dass die Netzbetreiber öffentliche Wege und Straßen für Ihre Netze nutzen dürfen. Sie beträgt 2021:

$$+1{,}660 \text{ €-cent / KWh}$$

13.1.3   Offshore-Netzumlage

Diese Umlage wird erhoben, wenn Strom wegen fehlender Netzanbindung von Offshore-Anlagen nicht an die Endverbraucher geliefert werden kann.

Nach Prognose der Netzbetreiber [40] wurde für 2021 ein Umlagebetrag von 1.412.443.264 € ermittelt, das bedeutet einen Stromzuschlag von

$$+0{,}395 \text{ €-cent / kWh.}$$

13.1.4   Abschaltbare Lasten-Zuschläge (AbLA)

Um bei fehlendem Stromangebot, z.B. bei Dunkelflaute oder Netzausfällen trotzdem den größten Teil des Stromnetzes weiter betreiben zu können, schließen die Netzbetreiber mit Stromgroßabnehmern Verträge [41] über

- SOL   : Sofort abschaltbare Lasten
- SNL   : Schnell abschaltbare Lasten

In diesen Verträgen ist genau geregelt, welche Entschädigungen die Stromkunden bekommen, wenn sie aus dem Netz genommen werden. Das erspart lange Auseinandersetzungen über Schadenersatzleistungen, da diese in den Verträgen bereits geregelt sind.

Diese Umlage beträgt 2021:

$$\ldots+0{,}009 \text{ €-cent/kWh.}$$

13.1.5   Kraft-Wärme-Kopplungsgesetz-Zuschlag

Der KWKG-Zuschlag [42] wird jenen Unternehmen gewährt, die ihrer Stromerzeugung über die Kraft-Wärme-Kopplung effizienter machen bzw. zusätzlich zur Stromproduktion Wärme oder Kältenetze anbieten.

Der zu erwartende Betrag beläuft sich 2021 auf 910.565.342€, aus dem ein KWKG-Zuschlag von

$$+0{,}254 \text{ €-cent/kWh errechnet wurde.}$$

13.1.6 § 19 Stromnetzentgeltverordnung

Nach § 19 Stromnetzentgeltverordnung können Endverbraucher, die sehr hohe Stromkosten haben, auf Antrag niedrigere, für den Netzbetreiber nicht kostendeckende, Tarife beantragen. Diese Endverbraucher sind meist Betriebe die z.B. Schmelzöfen für die Aluminium- oder Glaserzeugung etc. unterhalten. Als Ausgleich für die entgangenen Erlöse müssen die anderen Netzkunden deshalb einen NEV-Zuschlag bezahlen.

Dieser beträgt 2021 laut [43] für die Kategorie

A: +0,432 €-cent/kWh ≤ 1.000.000 kWh/Abnahmestelle

B: +0,050 €-cent/kWh ≥ 1.000.000 kWh/Abnahmestelle

C: +0,025 €-cent/kWh >> 1.000.000 kWh/Abnahmestelle

13.1.7 Zusätzliche Abwicklungskosten

Es sind nicht nur die Stromzuschläge, die uns heute das Leben schwer machen, es ist auch die vom Bund und der EU-Kommission durchgesetzte ‚Entflechtung der Energiekonzerne‘ die die Strompreise in die Höhe getrieben hat. So war der Strommarkt in den 1980-er Jahren (BRD) auf 5 große Konzerne regional aufgeteilt:

- Nord: Hamburgische Elektrizitätswerke
- Hannover: Preußenelektra
- Mitte: RWE
- Südwest: ENBW
- Süd: Bayernwerk

Diese versorgten die jeweilige Region komplett, vom Kraftwerk bis zum Zähler. Die Folge waren niedrige Strompreise (DM-Preise vor 2002 zum Vergleich umgerechnet in €):

	[€/kWh]
1980	0,09
1990	0,15
2001	0,15

Nach Beginn der EEG-Vergütung durch Schröder/Fischer und Merkel-Regierung:

		[€/kWh]
•	2005	0,19
•	2010	0,24
•	2012	0,26
•	2021	0,32

Heute, mit den vielen Zwischengesellschaften, Schnittstellen und Vorstandsvergütungen sowie den gesamten Zuschlägen infolge der Energiewende (s.o.), die demnächst noch durch die CO_2-Abgabe ergänzt werden haben wir die höchsten Strompreise weltweit, aber das Weltklima merkt nichts davon.

13.2 VERSCHROTTUNG KKWS UND -ZUBEHÖR

Mit dem Kernkraftausstieg sorgt man schnellstens dafür, dass die CO_2-freien Kernkraftwerke bei uns abgeschafft und ihre Nebenanlagen schnellstmöglich beseitigt werden.

So hat man 1 Monat nach Abschaltung des KKW-Philippsburg beide voll intakten Kühltürme gesprengt, obwohl man diese leicht hätte weiternutzen können, z.B. zur Kühlung von noch zu errichtenden Gaskraftwerken. Hinzu kommen dann noch die Beseitigungskosten.

Insgesamt hat man mit dem voll-funktionsfähigen sicheren Kernkraftwerk einen Restwert von 3 Milliarden € vernichtet!

13.3 VERSCHROTTUNG KOHLEKRAFTWERKE MIT KRAFT-WÄRME-KOPPLUNG (KWK) ABER FÖRDERUNG KWK MIT HOLZ, GAS ODER BIOMASSE

In Hamburg-Moorburg und anderswo vernichtet man neue, voll funktionsfähige Kohlekraftwerke, die optimal für die Kraft-Wärme-Kopplung ausgelegt waren.

Moorburg mit seinen 1654 MW Strom- und 650 MW Wärmeerzeugung über Kraftwärmekopplung war 2015 in Betrieb gegangen und kostete 3 Milliarden €. Als Entschädigung nach dem Kohleausstiegsgesetz hätte Vattenfall 2020 maximal 165 000.-€ / MW Entschädigung bekommen können, also bei o.g. Leistung einen Betrag von 272.910.000.-€. Vattenfall hat an der Ausstiegsausschreibung teilgenommen, den angebotenen niedrigeren Betrag akzeptiert und das moderne Kraftwerk stillgelegt.

Man muss sich das einmal vorstellen:

Hätte Vattenfall dieses Kraftwerk <u>auf Holzpellets</u> umgestellt, hätten sie KWK-Förderung bekommen und das bei
- **wesentlich schlechterem Wirkungsgrad wegen geringerem Heizwert von Pellets und der damit verringerten Wärmedichte,**
- **50% höheren CO2-Abgaswerten gegenüber Kohle,**
- **sehr hoher Staubbelastung der Abgase, weil der elektrostatische Filter bei Holz nicht funktioniert.**

13.4 DOPPELTE KRAFTWERKSVORHALTUNG

Wegen des unbedingten Vorranges der erneuerbaren Energien laufen Kohle- und Gaskraftwerke weniger als sie könnten, müssen aber sofort einspringen, wenn Wind- und Solarkraft ausfallen.

2019, vor dem Corona-Shutdown hatten wir folgende Situation:

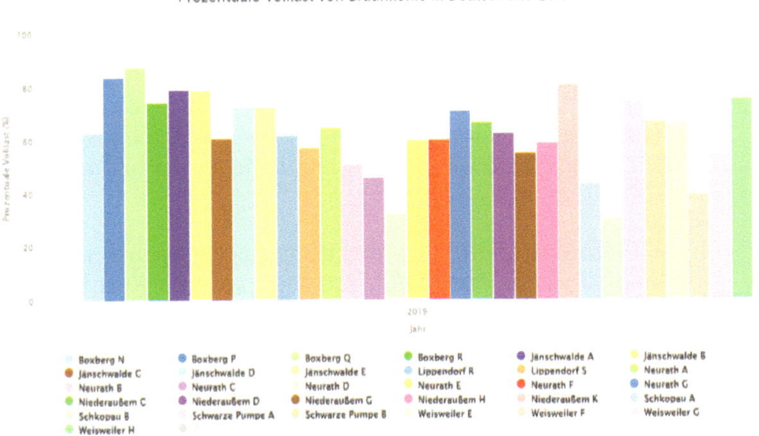

Abbildung 66, Prozentuale Volllast Braunkohle 2019 (energy-charts)

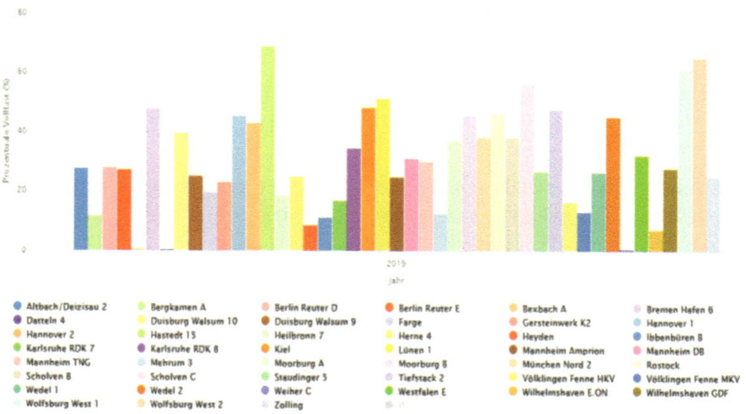

Abbildung 67, Prozentuale Volllast Steinkohle 2019 (energy-charts)

Hier sieht man gleich mehrere Phänomene:

1. Braun- und Steinkohlekraftwerke [21] (Abbildung 66, Abbildung 67) laufen wegen des Vorranges der erneuerbaren Energien viel seltener als es ihrer Auslegung entspricht:
   a. Braunkohle ϕ: 60%, ausgelegt für: 92%, 335 Tage/a
   b. Steinkohle ϕ: 30%, ausgelegt für: 92%, 335 Tage/a

2. Braun- und Steinkohlekraftwerke verschleißen stärker wegen permanenter Laständerung 2021 (s. Abbildung 68 und Abbildung 69):

Während im Jahr 2010 die Braunkohle (braun) nahezu auf einem Betriebspunkt lief, so stetig wie die Kernkraft (rot), trägt sie im Jahr 2021 schon vermehrt zur Mittellastregelung bei (s. Wellen im Diagramm). Noch auffälliger ist es bei der Steinkohle (schwarz), die fast nur noch läuft, wenn Solar (gelb, ganz oben im Diagramm) und Wind (grau) wenig oder nichts zur Stromerzeugung beitragen. Die Gaskraftwerke (orange) und die Pumpspeicher (hellblau) regeln alle Schwankungen aus, sowohl 2010 als auch 2021.

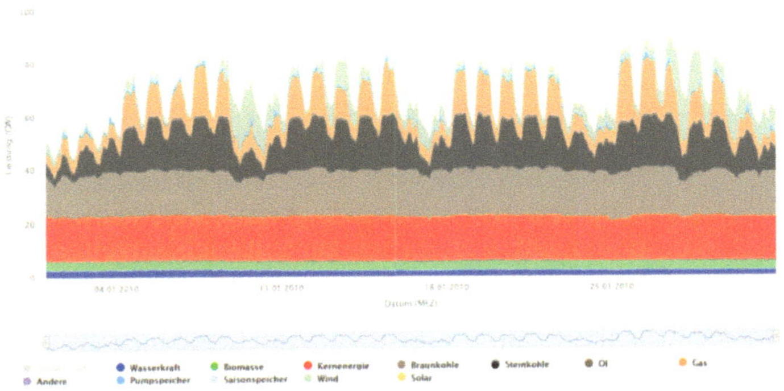

Abbildung 68, Tageslastverteilung Januar 2010 (energy-charts)

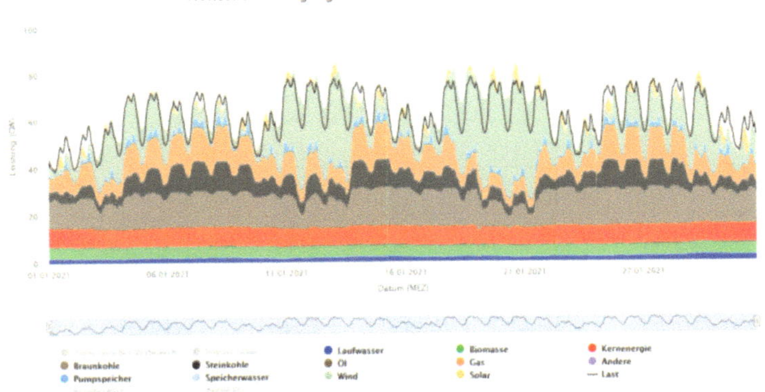

Abbildung 69, Tageslastverteilung Januar 2021 (energy-charts)

Es gibt wegen des Vorrangs der Wind- und Solarkraft gleich mehrere Probleme (s. Abbildung 69):

3. Im Winter trägt die Solarkraft fast nichts zur Stromerzeugung bei.

4. Steinkohlekraftwerke müssen permanent mit Schwachlast warm bereitstehen, damit sie sofort Last übernehmen können, wenn Wind und Solar ausfallen. Das generiert die glei-

chen Fixkosten wie bei Vollbetrieb und kostet sogar CO2-abgabe, obwohl die Kraftwerke nur wegen Ausfall der erneuerbaren vorgehalten werden müssen.

5.   Pumpspeicherkraftwerke sind Wasserkraftwerke, die, mit einem Ober- und einem Unterbecken, sowohl mit Pumpen Wasser speichern als auch im Turbinenbetrieb, Energie erzeugen können. Allerdings haben sie keine Förderung, können nicht wie früher zu Schwachlastzeiten billigen Strom zum Pumpen verbrauchen und teuren Strom bei Spitzenlast verkaufen, da der Vorrang der Wind- und Solarkraftwerke alle Planung zunichtemacht. Und obendrein müssen sie auch noch die Netz- und KWK-Abgabe bezahlen. Das hat bereits dazu geführt, dass Pumpspeicherkraftwerke wegen Unwirtschaftlichkeit (Beispiel: PSW Niederwartha) vom Netz genommen wurden und dies in einer Zeit, wo man dringend wegen der Volatilität von Wind und Solar zusätzliche Speicherkapazität benötigt!

13.5   TEURER STROMZUKAUF AM BEISPIEL NORDLINK

Abbildung 70, Nordlink, Batterie Europas (e.D.)

Am 27.5.2021 wurde die 623 km lange 1400 MW, 525 kV-Hochspannungsgleichstromübertragungsleitung NORDLINK zwischen dem Schleswig-Holsteinischen Wilster und dem Norwegischen Tonstad offiziell von Bundeskanzlerin Merkel und der Norwegischen Ministerpräsidentin Solberg eröffnet.

Man träumt davon, Windstrom nach Norwegen zu liefern, der dort verbraucht oder gespeichert wird und bei Bedarf, während einer Dunkelflaute, zu uns zurückkommt.

Eigentlich eine gute Idee: Bei erneuerbarem Stromüberschuss in Deutschland Strom nach Norwegen liefern, der dort verbraucht oder gespeichert wird. Bei Bedarf bei uns wird Wasserkraftstrom von Norwegen zurück zu uns geliefert, wenn bei uns Dunkelflaute herrscht.

Dementsprechend fiel auch das Lob der bei diesem Internet-Ereignis [44] (27.5.2021) teilnehmenden Politiker aus (in der Reihenfolge ihres Internetauftrittes (*Kursivdruck: Zitate*):

1. Daniel Günther, Ministerpräsident Schleswig-Holstein (SH)
   ‚Schleswig Holstein ist der Motor der Energiewende. Wir haben allein in diesem Jahr bereits 380 Mio € (!!) ausgegeben für Strom, für den wir keinen Abnehmer finden. Nordlink hilft enorm, wenn wir hier Strom produzieren und bietet die Chance den nach Norwegen zu schicken...‘

2. Jan Philipp Albrecht, Minister für Energiewende und Artenschutz (SH)
   ‚...wir produzieren schon heute mehr Strom, als wir selbst verbrauchen können...
   Freut sich als Artenschutzminister, dass das Kabel ohne Probleme durch das Wattenmeer verlegt werden konnte.*.und dass wir dafür sorgen, dass Klimaschutz und Artenvielfalt gemeinsam gehen..‘* Frage des Autors: Wie steht es mit dem Vogelschutz bei Windrädern?

3. Peter Altmaier, heute Bundeswirtschafts-, vorher, ab 2012,
    Umweltminister

    *.. 'Nordlink wurde 2011 beantragt und heute, 10 Jahre
    später feiern wir die Einweihung. Das ist großartig...sorgt
    für Zusammenwachsen der Energieversorgung in
    Europa... Energieversorgungssicherheit...Musterbeispiel,
    weit über Europa hinaus..Vorhaben ist technisch
    anspruchsvoll und kostenintensiv...WIN-WIN-Situation für
    beide Länder!'*

4. Angela Merkel, Bundeskanzlerin

    *.. 'Nordlink ermöglicht Transport von Wasserkraft nach
    Deutschland, von Windkraft nach Norwegen..trägt zur
    Stabilisierung der Strompreise in unseren Ländern
    bei...damit innereuropäischer Austausch gelingt, müssen
    die Netze da sein...Nordlink alleine löst Deutschlands
    Energie- und Netzprobleme nicht, sondern die
    Voraussetzung muß sein, dass Norddeutschland auch
    besser mit Süddeutschland verbunden wird...*

Leider lässt man bei soviel Lob die wesentlichen
Randbedingungen außer acht:

1. Norwegen hat zwar große Speicherseen für seine
    Eigenversorgung, aber nur wenig Pumpspeicherkapazität,
    da sie sich bisher nur selbst versorgt haben, kein
    übergeordneter Bedarf vorlag und kein Pumpstrom übrig
    war; zudem sind die vorhandenen Unterwasserspeicher
    sehr klein, was die Pumpspeichermöglichkeiten stark
    einschränkt.

2. Die norwegische Kraftwerkskapazität reicht in der Regel
    nur aus, die Eigenversorgung zu decken, bei besonders
    kalten Wintern (zur Zeit unserer Dunkelflaute), muss
    Strom aus dem Ausland zugekauft werden.

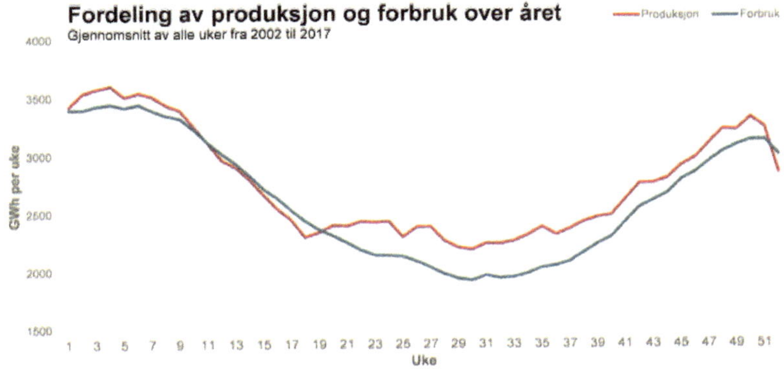

**Abbildung 71, Stromerzeugung/-verbrauch Norwegen
(Norges Vassdrags- og Energidirektorat)**

Obige Grafik zeigt die von 2002 bis 2017 gemittelten wöchentlichen Stromproduktions- (rot) und -verbrauchswerte (blau), ein respektabler Überschuß von maximal 250 GWh/Woche (uke, s. vertikale Differenz zwischen roter und blauer Linie) existiert nur von Woche 21 bis Woche 41, also von Ende Mai bis Mitte Oktober, einer Zeit in der es bei uns in der Regel genug Sonne und Wind gibt. Im Winter dagegen, bei Dunkelflaute, braucht Norwegen seinen Strom selbst. Und: Der Eigenbedarf in Norwegen ist so hoch, dass man im Jahr 2019 mehr Strom zukaufen musste als man selbst erzeugt hat.

Der hohe Verbrauch hat 2 Gründe, die man bei uns noch nicht kennt:

    a. Strom ist sehr billig in Norwegen. Laut Business-Portal Norwegen kostet der Haushaltsstrom dort 10,9 €-cent/kWh, bei uns sind das 32 €-cent/kWh.

    b. Wegen des billigen Stroms heizt man fast alle Häuser mit Strom und fährt schon 45% Elektroautos. Der Stromverbrauch in Norwegen betrug 2020 bei 5 Mio Einwohnern 140 TWh gegenüber 83 Mio Einwohnern in Deutschland und einem Verbrauch von 543 TWh/a. Das ist das 4-fache (!) unseres Stromverbrauches pro Kopf.

3. Wettbewerb um Strombezug/-verkauf von/nach Norwegen gibt es auch schon:

Das heißt, wir stehen beim Stromverkauf/-bezug nach/von Norwegen im Wettbewerb mit Großbritannien, Holland, Dänemark, Schweden und Russland. Da können wir unseren Windstrom nur billig verkaufen und bekommen vom in Norwegen maximal wöchentlich verfügbaren Überschuß von 250 GWh im Sommer nur einen Teil ab. Theoretisch würden 250 GWh/Woche bei uns bei einem stündlichen Maximalbedarf von 90 GW Leistung nur knapp 3 Stunden reichen, aber wegen der geringen Kapazität der Nordlink-Leitung von 1400 MW könnten wir nur 1,4 GW davon beziehen, also 1,6% unseres Maximalbedarfes.

Jetzt, nach mehr als 7-monatigem Vollbetrieb von Nordlink haben sich meine Befürchtungen voll bestätigt, wie man im Erzeugungs-Portal Entso-E erfahren kann:

So wurden von Januar bis Mai 2021 zwischen Deutschland und Norwegen folgende Energiemengen ausgetauscht/Erlöse erzielt:

	[GWh]	Erlös [€]
• Deutschland -Norwegen	511,0	8.369.808.-
• Norwegen -Deutschland	1547,6	92.474.640.-

Negativsaldo für Deutschland (Jan-Mai 21):   84.104.832.-

Wir haben unseren Windstrom für 2,3 − 36,1€/MWh exportiert und von Norwegen Speicherstrom für 53,1-68,5€/MWh importiert.

Fazit zu Nordlink:

Eine 2 Mrd. € teure Investition mit wenig Nutzen für Deutschland, da Norwegen nur dann exportieren kann, wenn sie den Strom im Winter nicht selbst brauchen. Der Winter 20/21 war für Norwegen ein Ausnahmejahr, weil es 2020 soviel geregnet hatte, dass die Speicher alle voll waren. Aber finanziell ist es nur für Norwegen ein Gewinn mit billigem Stromeinkauf und hohen Exporterlösen.

Und noch eines zeigt das Beispiel Norwegen:

Norwegen hat bereits die Infrastruktur in den Niederspannungsnetzen zum elektrischen Heizen und zum Laden der Elektroautos. E-Heizungen gibt es schon lange, leistungsfähige

Stromanschlüsse für Autos auch, da man früher die Kühlkreisläufe der Autos im Winter nachts elektrisch beheizt hat, um Autos und Motor vorzuwärmen. Die Autoheizanschlüsse nutzt man jetzt zum E-Auto laden. Bei uns sind (leider) die Niederspannungsnetze in den alten Wohnvierteln zu schwach ausgelegt, um gleichzeitig E-Heizung der Wohnungen und E-Auto Laden zu verkraften!

Hinweis für Deutschland:

Elektrisch Heizen und Autofahren bedeutet:

4-facher Strombedarf!

13.6 CO2-ZERTIFIKATEKOSTEN

Seit einigen Jahren gibt es in der EU den CO2-Zertifikatehandel. Damit kann man CO2-Verschmutzungsrechte je Tonne CO2 kaufen oder verkaufen.

Der Börsenpreis kennt hier nur eine Tendenz: Aufwärts. Aktuell befindet er sich bereit auf dem EU-weit angestrebten Niveau von 55.-€/t CO2 für das Jahr 2025:

Abbildung 72, CO2-Zertifikat im Börsenhandel (wallstreet:online)

Industriebetriebe müssen, wegen begrenzter Verfügbarkeit, Zertifikate an der Börse kaufen. Nur bei der Einführung, wie 2021

bei der CO2-Abgabe für Gas und Treibstoffe schlägt der Staat €
25.-/t CO2 auf den Verkaufspreis auf und kassiert dieses Geld direkt vom Verkäufer.

Bleibt es z.B. im fossil angetriebenen Verkehr bei der CO2-Erzeugung (2020) von 147 Mio. t CO2 (s. Abbildung 59, CO2-Bilanz
2020 inklusive Biomasse (e.D.)) von 25.-€/t CO2 erlöst die Bundesregierung allein im Straßenverkehr:

CO2-Erlös Straßenverkehr: 3.675.000.000.-€

+ anteilige MwSt. 19%:   698.000.000.-€

Also insgesamt im Verkehr: 4.373.250.000.-€

CO2-Abgaben und Zertifikate sollen die Bereitschaft fördern,
auf umweltfreundliche, möglichst CO2-freie oder nachhaltige
Strom- und Wärmeerzeugungsverfahren sowie Verkehrsmittel umzusteigen. Aktuell sieht es aber eher so aus, dass

- Industriebetriebe wegen Unwirtschaftlichkeit schließen,
- Industriebetriebe abwandern oder
- deren Existenz gefährdet ist (s. Autoindustrie).

NOCH EIN WICHTIGER ASPEKT:

**Solange CO2-Zertifikate nicht weltweit zum gleichen
Preis gehandelt werden, wie z.B. in China (am 17.7.21 mit
7$/t CO2), dies entspricht 5,93.-€/t CO2, ungefähr <u>einem
Zehntel des dt. Börsenpreises</u> schaden wir nur der europäischen Volkswirtschaft.**

**Selbst wenn wir in Deutschland (2%-Weltanteil) oder
der EU (9% Weltanteil ohne GB) alle CO2-Erzeuger abschalten
bekommen Großerzeuger wie China (28%), USA (15%) und Indien (6,4%) die fossile Energie billiger und deren Wettbewerbsvorteil wird immer stärker.**

<u>**TOLL:**</u>

**DER UMWELT NICHT GEHOLFEN ABER EUROPÄISCHE
WIRTSCHAFT RUINIERT.**

Das muss uns erst einer nachmachen!

Am 30.März 2021 veröffentlichte der Bundesrechnungshof im Rahmen seines gesetzlichen Prüfauftrages der öffentlichen Haushaltsführung einen Bericht mit dem Titel:

Bericht nach § 99 BHO zur Umsetzung der Energiewende im Hinblick auf die Versorgungssicherheit und Bezahlbarkeit der Elektrizität [2]

- In der Zusammenfassung schrieb der BRH (Zitat-*kursiv*):

Das Bundesministerium für Wirtschaft und Energie (BMWi) steuert die Energiewende im Hinblick auf die gesetzlichen Ziele einer sicheren und preisgünstigen Versorgung mit Elektrizität <u>weiterhin unzureichend. Es muss sein Monitoring zur Versorgungssicherheit vervollständigen und dringend Szenarien untersuchen, die aktuelle Entwicklungen und bestehende Risiken zuverlässig abbilden. Außerdem hat es immer noch nicht festgelegt, was es unter einer preisgünstigen und effizienten Versorgung mit Elektrizität versteht. Angesichts der Entwicklung der Strompreise empfiehlt der Bundesrechnungshof eine grundlegende Reform der staatlich geregelten Energiepreis-Bestandteile.</u>

Der BRH rügte im Besonderen, dass seitdem er 2018 der Bundesregierung u.a. empfohlen hatte, die Ziele der Versorgungssicherheit und Bezahlbarkeit der Energieversorgung zu quantifizieren, nichts in ausreichendem Maß geschehen sei.

Zum einen habe das BMWi nicht in ausreichendem Maße die Versorgungssicherheit bei der Umstellung von konventioneller auf erneuerbare Energie geprüft und zum anderen sind die Energiepreise in Deutschland höher als in allen anderen Ländern der EU.

- Am Ende der Zusammenfassung schrieb der BRH:

Prüfungsergebnisse zur Bezahlbarkeit von Elektrizität

In keinem anderen EU-Mitgliedsstaat sind die Strompreise für typische Privathaushalte zurzeit höher als in Deutschland. Sie liegen 43 % über dem EU-Durchschnitt. Auch für Gewerbe- und Industriekunden mit einem Stromverbrauch zwischen 20 und 20 000 Megawattstunden (MWh) pro Jahr liegen die deutschen

Strompreise teils an der Spitze. Die Strompreise für Großverbraucher mit mehr als 150 000 MWh pro Jahr liegen hingegen unter dem EU-Durchschnitt. Treiber hoher Strompreise waren und sind die staatlich geregelten Preisbestandteile, insbesondere die Erneuerbare-Energien-Gesetz-Umlage.

Es gibt viele Faktoren, die sich teils erheblich auf das Preisniveau von Strom auswirken. Dazu gehören insbesondere der weitere Ausbau erneuerbarer Energien, die Leistungsfähigkeit des Stromnetzes, die CO_2-Bepreisung und das derzeitige System von Entgelten, Steuern, Abgaben und Umlagen.

Das BMWi hat nach wie vor nicht bestimmt, was es unter einer preisgünstigen und effizienten Versorgung der Allgemeinheit mit Elektrizität versteht. So gibt es keine Zielwerte, die festlegen, bis zu welchem Niveau Strom als preisgünstig gilt. Die Indikatoren bilden die Entwicklung bei den Letztverbrauchspreisen nicht hinreichend ab.

<u>*Das BMWi muss*</u>

• bestimmen, was es unter einer preisgünstigen und effizienten Versorgung der Allgemeinheit mit Elektrizität versteht. Es muss anhand von Indikatoren festlegen, bis zu welchem Niveau Strom als preisgünstig gilt.

• anstreben, das System der staatlich geregelten Energiepreis-Bestandteile grundlegend zu reformieren. Anderenfalls besteht das Risiko, die Wettbewerbsfähigkeit Deutschlands und die Akzeptanz für die Energiewende zu verlieren.

Einzige Konsequenz des BMWi bis jetzt:

Die EEG-Umlage soll nicht mehr über den Strompreis, sondern über Steuern finanziert werden. Für den Bürger ein Nullsummenspiel.

14. FOLGEN DER ENERGIEWENDE UND VERBANDSPOLITIK

Die Abkehr von thermischen Kraftwerken und Fahrzeugen mit Verbrennungsmotor hat bereits zur Abwanderung wichtiger Industriebetriebe, Werksschließungen und Entlassungen geführt, die bisher nur unzureichend durch Arbeitsplätze in der Erneuerbaren Energiebranche ersetzt werden konnten. Zudem geht Knowhow bei Spitzenprodukten verloren, die jetzt von anderen außerhalb Deutschlands produziert werden.

Ein Hochlohnland wie Deutschland kann nur dann seine hohen Sozialstandards und seine Lebensqualität halten, wenn genügend hochwertige Produkte erzeugt werden, die sich mit hohen Preisen auf dem Weltmarkt verkaufen lassen.

Im Folgenden zeige ich an 4 Beispielen, wieweit die Entwicklung bis jetzt gediehen ist.

14.1 KRAFTWERKSWIRTSCHAFT

Wegen der Energiewende und des damit in Deutschland endenden Geschäftes mit nuklearen und konventionellen Kraftwerken verlieren wir die Technologieführerschaft und das Knowhow beim Bau von thermischen Kraftwerken. Dies können die erneuerbaren Energien (Wind- und Solarkraft) nicht ausgleichen.

14.1.1 Kraftwerksunion (KWU)

1969 wurde durch den Zusammenschluss der Kraftwerkssparten von Siemens und AEG die Kraftwerksunion (KWU) mit Sitz in Mülheim (Ruhr) gegründet. Sie bauten alle Arten von Kraftwerken, einschließlich Siedewasserreaktoren (Lizenz von GE) und Druckwasserreaktoren (Lizenz von Westinghouse).

In den 80-er Jahren erlebte die KWU ihre erfolgreichste Zeit mit dem Bau vieler Kraftwerke.

Ab 1990 entwickelte die KWU zusammen mit Framatome neue Druckwasserreaktoren, wobei das Kernkraftgeschäft in Deutschland wegen der kritischen Haltung der Öffentlichkeit nur noch ein

Schattendasein führte. 2001 bildete man mit Framatome ein Gemeinschaftsunternehmen, 2011 mit dem Beschluss der Bundesregierung, aus der Kernkraft auszusteigen, zog sich Siemens aus dem Kernkraftgeschäft zurück.

2008 wurde der konventionelle Kraftwerksteil in die Siemens Energy Sparte übernommen, die sich an der Entwicklung und dem Bau einer modernen Reihe von höchst effizienten Kohlekraftwerken mit Kraftwärmekopplung beteiligte, welche die wegfallenden Kernkraftwerke ersetzen sollten und die zurzeit das Rückgrat der Energieversorgung bilden.

Seit 1.April 2020 ist Siemens Energy eine eigenständige Aktiengesellschaft mit Aktivität auf dem Sektor der konventionellen und erneuerbaren Energieerzeugung, -übertragung und Industrielösungen (z.B. Industrieturbinen).

14.1.2 GE Power Deutschland

Vorgängerfirmen:

In den 80-er Jahren war die Firma Brown Boveri & Cie der große Kraftwerkskonkurrent von Siemens in Deutschland.

Sie bauten weltweit konventionelle Kraftwerke und beteiligten sich über ihre Tochtergesellschaft Brown Boveri Reaktorbau (BBR) am Bau des Kernkraftwerkes Mülheim-Kärlich und mit der Hochtemperatur Reaktor Bau (HRB) am Bau des Thorium Hochtemperatur Reaktors (THTR) Hamm-Uentrop. Beide Kernkraftwerke sind mittlerweile nicht mehr in Betrieb.

Mülheim-Kärlich wurde aus Sicherheitsgründen abgeschaltet, nachdem sich herausstellte, dass das für den sicheren Kraftwerksbetrieb notwendige Hilfsanlagengebäude auf der einen und das Kraftwerk selbst auf der anderen Seite einer Erdbebenfalte standen.

Der THTR wurde außer Betrieb genommen, nachdem zu viele der im Kraftwerk eingesetzten Brennstoffkugeln zerbrochen und die vorgesehenen Abfallbehälter voll waren.

1988 schlossen sich die schwedische ASEA und BBC zur Asea Brown Boveri, kurz ABB zusammen. Der neue Konzern beschäftigte 35000 Mitarbeiter in Deutschland, 34000 in Schweden, weltweit insgesamt 210000.

Wegen immenser finanzieller Belastungen aus Garantieproblemen mit der Gasturbinenserie GT24/GT26 und Schadenersatzforderungen in USA aus der Übernahme des Kraftwerksbauers Combustion Engineering (CE) geriet ABB in finanzielle Schwierigkeiten, verkaufte sein Bahngeschäft an Daimler Benz und das Kraftwerksgeschäft im Jahre 2000 an Alstom.

Alstom war nach 2011 ebenfalls am Bau der neuen höchsteffizienten Kohlekraftwerke beteiligt. Nachdem der Bau von thermischen Kraftwerken aufgrund der grünen Bewegung immer schwieriger wurde, verkaufte Alstom sein Kraftwerksgeschäft 2014 an General Electric.

2014 Übernahme Energiegeschäft von Alstom durch GE-Power. Wegen fehlendem Kraftwerksgeschäft wird immer mehr Personal entlassen, zuletzt 2017 wurde 1600 der damals 10000 Mitarbeiter in Deutschland gekündigt.

14.2   DER NIEDERGANG DER AUTOMOBILWIRTSCHAFT IN DEUTSCHLAND

**Abbildung 73, Lohner Porsche, E-Auto mit Vierradantrieb 1910
(Porsche)**

Es ist 110 Jahre her, dass ein Lohner-Porsche auf der Weltausstellung in Paris auftauchte, ein Batteriefahrzeug mit elektrischen Nabenmotoren an allen 4 Rädern, also eines der ersten Allradfahrzeuge. Man hat viel versucht nach der Jahrhundertwende, aber letztendlich hat sich das E-Auto nicht am Markt durchgesetzt, weil schon damals die fehlende Ladeinfrastruktur und mangelnde Reichweite keine Akzeptanz auf dem Weltmarkt gefunden haben.

Deutschland und seiner Industrie ging es so lange gut, wie man den Markt mit entsprechenden Produkten befriedigt hat und nicht dem Druck umweltpolitischer NGOs nachgab. Jetzt ist eine ganze Branche gefährdet, weil sie Produkte erzeugen soll, die der Markt nicht will.

Die soziale Marktwirtschaft: Ein Auslaufmodell?

Abbildung 74, Ludwig Erhard (Ludwig Erhard Stiftung)

Ludwig Erhard gilt als Begründer der ‚Sozialen Marktwirtschaft‘, die 1949 seitens der CDU als Gegenpol, zur damals so genannten, ‚Unsozialen Planwirtschaft‘ eingeführt wurde und durch Befriedigung der weltweiten Markterfordernisse sowie der Bedürfnisse der Arbeitnehmer in ganz Deutschland zu Wohlstand und sozialer Sicherheit geführt hat.

Auch im Wiedervereinigungsvertrag von 1990 wurde die ‚Soziale Marktwirtschaft' als Wirtschaftsordnung für ganz Deutschland festgeschrieben.

Sie sorgte im Einklang zwischen Arbeitgebern und Arbeitnehmern dafür, dass

- Arbeitnehmer und deren Familien sozial abgesichert wurden und
- Unternehmen sich, orientiert am Weltmarkt, frei entfalten konnten.

Ergebnis: Deutschland wurde zum Wirtschaftswunderland mit Wohlstand für alle!

Das gleiche Prinzip funktionierte noch in der EWG, der Europäischen Wirtschaftsgemeinschaft, in der man sich auf vereinfachte Zölle und feste Wechselkurse einigte, ansonsten aber den Partnern freie Hand ließ in ihrer wirtschaftlichen Entwicklung.

Schwieriger wurde es nach Einführung der ‚Europäischen Union', bei der man sich darauf verständigte, für die Gemeinschaft allgemeingültige Regeln für Wirtschaft und Umwelt aufzustellen. Das hebelt die Marktwirtschaft aus und endet in der Planwirtschaft!

Damit begannen die Probleme für die deutsche Automobilwirtschaft, die trotz fortschrittlichster Technik plötzlich noch Euro-Normen (Euro I bis Euro VI d temp, demnächst Euro VII) für Verbrauch und Schadstoffausstoß einhalten musste. (Details s. [1], Damit die Lichter weiter brennen)

2003, mit Gültigkeit von Euro III, vor Einführung von Euro IV (2006), war es bereits gelungen, Euro IV-Fahrzeuge herzustellen, die die Schadstoffe gegenüber Euro 0 reduzierten, auf

- CO-Ausstoß: 2%
- Partikelemission: 9%
- HC+Nox: 5%

und all dies ohne Partikelfilter und angeschlossene Chemiefabrik (Ad Blue Harnstoffeinspritzung), wie später erst bei den Euro V und Euro VI-Fahrzeugen realisiert.

Dies hätte nach meinem Dafürhalten ausgereicht, die Abgasbilanz der Autoindustrie zu verbessern, wenn man mehr Verkehr auf die CO2-freie Schiene verlagert und die Kunden überzeugt hätte, nur noch Fahrzeuge mit kleineren Motoren zu fahren.

Warum hat man da nicht aufgehört und das Verkehrskonzept geändert? Das hätte großen Schaden verhindert.

Wie kam es aber zur jetzigen Situation?

Seit der Jahrtausendwende und besonders seit Amtsantritt der Regierung Merkel wurden immer mehr Zuständigkeiten für den Umweltschutz nach Brüssel verlagert. Das zeigt sich besonders darin, dass die Abgasvorschriften ab Euro 5a (2009) in immer schnellerem Maße geändert wurden, zuletzt bei Euro 6a bis Euro 6d in Abständen von 3 bis zuletzt einem Jahr.

Für Euro 5a und b waren Prüfstandtests vorgeschrieben nach dem NEFZ-Verfahren (Neuer Europäischer Fahrzyklus), den die deutschen Hersteller dadurch befriedigen wollten, dass die Motoren erkannten, wann sie auf dem Prüfstand waren und dann die Testwerte erfüllten. Die Franzosen, mit besseren Kontakten nach Brüssel waren da vorsichtiger; sie beschlossen bereits 2007 die Harnstoffeinspritzung (Ad Blue) einzuführen.

Man darf eines nicht vergessen:

Die Entscheidung Harnstoff einzuspritzen, bedeutete in einem umkämpften Markt ca. 1000.-€ mehr beim Fahrzeugneubau für eine minimal bessere Abgasreinigung auszugeben. (s.o.)

Ich kann nicht beurteilen, ob den deutschen Automobilvorständen bewusst war, dass sie damit strafbare Grenzen überschritten; aber die deutschen, amerikanischen und europäischen Behörden waren dieser Meinung und verhängten Milliardenstrafen für die Unternehmen.

Heute erfüllen alle deutschen Unternehmen die zurzeit höchste Norm Euro 6 d, demnächst Euro 7 mit Abgasrückführung und Harnstoffeinspritzung. Allerdings fehlen ihnen die Strafmilliarden für Zukunftsinvestitionen. Und da setzt meine Kritik ein: Wenn das Handeln der Konzernführer strafbar war, warum hat man dann die Unternehmen bestraft und nicht die handelnden Personen?

Mit Firmenstrafen werden die Firmen, deren Mitarbeiter und unsere Wirtschaft geschädigt, die ausländische Konkurrenz lacht sich ins Fäustchen. Und die Politik hat das noch verstärkt mit ihrem unverantwortlichen Geschrei vom DIESELBETRUG!

Apropos Schädigung der Verbraucher:

Euro V Diesel-Fahrzeuge dürfen nach Korrektur der beanstandeten Steuerungssoftware fast überall wieder fahren. Nachteile erwuchsen ihnen hieraus nicht, aber sie haben Anspruch auf Entschädigung und wurden bereits entschädigt.

Der Euro IV Fahrer, der 2004 ein zu Ferdinand Piechs Zeiten abgasoptimiertes Fahrzeug gekauft hat, das wegen seiner Umweltfreundlichkeit 3 Jahre steuerbefreit war, wird heute aus vielen Großstädten ausgeschlossen.

Ich frage mich: Wer wurde da geschädigt?

Und heute? Die neuesten EU-Regeln für den Schadstoffausstoß bei Verbrennerfahrzeugen sind gewichtsbezogen, das heißt, die hauptsächlich schweren deutschen Premiumfahrzeuge sind schon wieder benachteiligt. Hätte man da nicht besser aufpassen können, Frau Schulze und Herr Altmaier?

Trotz o.g. Fakten beharren Umwelt- und Verkehrsministerium sowie die EU-Kommission auf der weiteren Verschärfung der Flottengrenzwerte für den CO2-Ausstoß, um das Pariser Klimaschutzabkommen von 2015 zu befriedigen.

Man fördert Elektrofahrzeuge und verteufelt Fahrzeuge mit Verbrennungsmotor, obwohl Letztere weltweit immer noch mehr gefragt sind, allein wegen einfacherer (und billigerer) Infrastruktur für Verbrennerfahrzeuge. Falls Sie sich für mehr Details bzgl. der Sinnhaftigkeit des Wechsels vom Verbrennungs- zum E-Motor interessieren, schauen Sie in mein Buch ‚Damit die Lichter weiter brennen‘ [1]. Dort sind die ungelösten Probleme mit E-Autos im Detail aufgelistet.

Seit 2016 gehen, wegen des Dieselbetrugsgeschreis und der verunsicherten Verbraucher, die Produktions- und Verkaufszahlen von Pkws in Deutschland stetig zurück, wie nachfolgende Grafik auf Basis der Monatszahlen des Verbandes der Automobilindustrie (VDA) zeigt:

2014	2015	2016	2017	2018	2019	2020	2021
5.604.026	5.708.138	5.746.808	5.645.584	5.120.409	4.663.749	3.525.573	3.402.991
-2,48%	-0,67%	100,00%	-1,76%	-10,90%	-18,85%	-38,65%	Schätzung

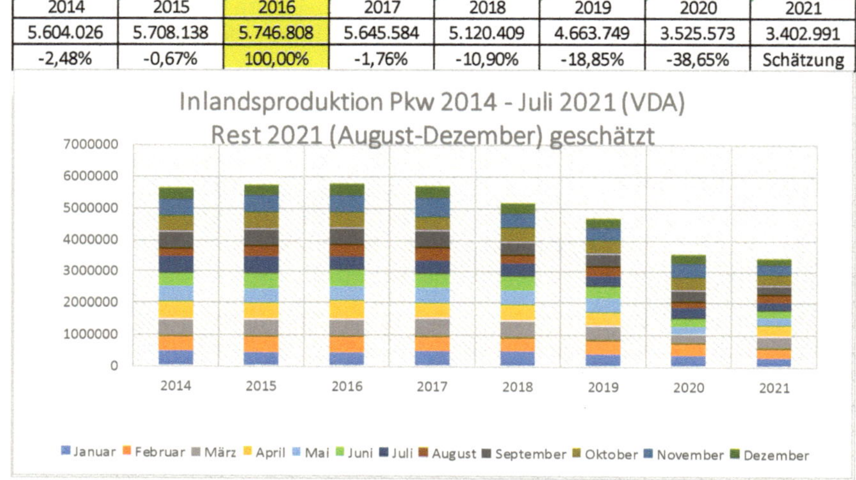

Abbildung 75, Inlandsproduktion Pkw 2014-2021 (e.D.)

Das heißt, die Inlandsproduktion ging schon vor Corona seit 2016 stetig zurück (s. oben, Einzelproduktionszahlen/Monat), der Trend ist trotz hoher Prämien für den Kauf von Elektroautos gleichgeblieben und wird sich auch 2021 nicht erholen, wie die Schätzung basierend auf den Produktionsmittelwerten Jan-Juli 2014 bis 2019 im Verhältnis zur Produktion Jan-Juli 2021 zeigt (s. o.g. Tabelle). Jan-Juli 2021 wurden nur 61% der in den Vorjahren üblichen Fahrzeuge gebaut; 0,61 multipliziert mit den Spitzenwerten Juli – Dezember 2016 ergab die geschätzten restlichen Monatswerte August – Dezember 2021.

Nur die Produktionszahlen der Elektro- und Hybridautos nahmen, wegen der staatlich ausgelobten Kaufprämien, zu, was allerdings die Gesamtverluste bis heute nicht kompensieren konnte.

Zudem kostet die Umstellung vom Verbrennungsmotor auf Elektroantriebe eine Menge Arbeitsplätze in der Zulieferindustrie, da ein Elektroantrieb keine Kolbenmotoren, Getriebe, Kraftstoff-, Kühl- und Abgassysteme mehr benötigt, ca. 100 – 200 Teile statt 1200 – 2000:

144

Wohlgemerkt: Die Nachfrage und somit der Produktionsrückgang ging bereits lange vor Corona, wegen des Dieselbetrugsgeschreis, stetig zurück, der Corona-Lockdown kommt noch erschwerend hinzu, kann aber die Ursache nicht verdecken.

Trotzdem hat alle Werbung für E-Autos mitsamt Prämien (laut Focus-Artikel vom 11.7.21 bis Ende Juni 2021 1,982 Mrd. €) kaum etwas gebracht, was die Zulassungsstatistik des Kraftfahrtbundesamtes zum 1.6.2021 zeigt:

Hier waren insgesamt 49.365.316 Personenkraftwagen zugelassen, wovon 424.379 reine Elektrofahrzeuge betrafen und 412.151 Fahrzeuge mit Plug-In Hybridantrieb. Wohlgemerkt: Das sind kumuliert 836.530 Plug-In-Hybrid und Elektrofahrzeuge aller bisher in Deutschland im Laufe der Jahre zugelassenen Fahrzeuge und nicht die Produktion eines Jahres, die in guten Zeiten mehr als 5 Millionen Pkw pro Jahr betrug!

Das ist eine mehr als magere Bilanz für eine angebliche Zukunftstechnologie.

Autofirmen und deren Zulieferer haben bereits reagiert, vollzogen Entlassungen oder planen sie in großem Stil, was entsprechend einer Presseauswertung aus 2020/2021, bisher angekündigt, über 120 000 Stellen bei Herstellern und Zulieferern kosten wird.

Wichtig für die Prosperität im Inland ist ausschließlich die Zahl der Inlandsbeschäftigten, die laut Informationen des Bundeswirtschaftsministeriums (Anfang 2020) bei

Automobilfirmen direkt	833 000
Zulieferern	654 000
Im Aftermarket/Ersatzteilhandel	643 000 betrug.

Sofern es bei o.g. Einbruch der Stückzahlen (s. Schätzung 2021) bleibt und wir annehmen, dass ca. 50% der Beschäftigten bei Automobilfirmen und Zulieferern stückzahlunabhängig (Verwaltung, Werksunterhaltung, Forschung, Entwicklung) beschäftigt sind und die andere Hälfte mit den Stückzahlen variiert, können wir 2021 mit einem Abbau von ca. 303.234 Stellen (40,8% von (833000+654000) x 0,5) rechnen, sofern die Firmen überleben, sonst wird es mehr. Dieser Stellenabbau wird sich, durch das bis nach den Wahlen 2021 gezahlte Kurzarbeitergeld erst verzögert auswirken, wenn es nicht gelingt, die Produktion wieder zu steigern.

Die finanziellen Folgen für die Volkswirtschaft sind dennoch gewaltig:

Zu den weiter gezahlten E-Auto-Prämien, die Ende Juni 2021 bereits 1,982 Mrd. € betrugen, kommt noch Arbeitslosengeld für die o.g. 303.234 entlassenen Mitarbeiter hinzu. Wenn jeder nur 6 Monate 3000.-€/Monat bekommt sind das 18000.-€/ Person oder 5.458.212.000.-€ für alle.

Das heißt:

Um weniger als 1 Million E-Autos zu verkaufen, setzen wir (geschätzt) über 300.000 Menschen auf die Straße und geben dann einschließlich 6-monatiger Arbeitslosenhilfe 7,44 Milliarden € aus, ohne zu wissen, ob es gelingt, diese Menschen wieder in Arbeit zu bringen?

Und warum das Ganze?

Um weltweit, bezogen auf Deutschland, insgesamt 2,26% CO2 [1] einzusparen, bezogen auf die ölgetriebenen Fahrzeuge wären das allerdings nur 0,55%. Verlagerten wir davon 50% des Verkehrs auf die Schiene, wären es nur noch 0,28%!

Für 0,28%-CO2-Einsparung in der Welt ruinieren wir einen ganzen Industriezweig? Geht's noch?

Selbst der gesamte Ölverbrauch der EU (ohne Abzüge für Industrie, GHD, Haushalte) beträgt nur ¼ des gesamten Kohleverbrauches aller unsauberen Kohlekraftwerke in China![1].

Das ist unverhältnismäßig, ruiniert unsere Autoindustrie, die bisher Weltspitze war und hilft in keiner Weise der Umwelt!

14.3 Stahlindustrie

Die deutsche Stahlindustrie hat bisher, trotz hoher Löhne und Energiekosten an verschiedenen Standorten in Deutschland ausgehalten und hochwertigen Stahl für die deutsche Industrie produziert. Dies hat auch mit dazu beigetragen, das Qualitätslabel ‚Made in Germany' zu bewahren und trotz hoher Preise Stahlprodukte in alle Welt zu exportieren.

Schon seit einiger Zeit leidet die Stahlindustrie zusätzlich unter den CO_2-Kosten, die jedes Jahr weiter steigen, da sie bisher den Stahl mit Koks- und Kohle erzeugten, die zum einen die Wärme lieferten, aber auch den notwendigen Kohlenstoff (als Schmierstoff im Kristallgitter) für das flexible, biegsame und zähe Stahlgefüge.

Wegen der CO_2-Abgabe ist damit jetzt Schluss.

Man kennt bereits andere, aufwendigere Verfahren, wie Stahlerzeugung im Lichtbogenofen oder mithilfe von Wasserstoff.

Und hier gibt es gleich 3 Probleme:

1.   Strom für Lichtbogenöfen

Für den enormen Strombedarf sind die bisherigen Stromleitungen nicht ausgelegt und der zusätzliche Strombedarf ist bisher in der Energiewende auch nicht vorgesehen. Deutschland hat im gesamten Jahr 2019 501 TWh an Strom erzeugt. Um die Stahlindustrie auf erneuerbare Energie umzustellen, benötigt sie in Zukunft 130 TWh an Energie, das wären 26% der gesamtdeutschen Stromerzeugung, die bisher nicht eingeplant sind. Einzige Lösung, wenn sich nichts ändert: Umzug nach Frankreich, die haben genug Atomstrom!

2.   Grüner Wasserstoff zur Stahlerzeugung

Hierfür gibt es bereits Pilotanlagen, aber noch lange keine industriell verwertbaren Lösungen. Nur zwingt die exzessive Erhebung von CO_2-Abgaben zu schnellem Handeln.

3. Finanzierung der neuen, umweltfreundlichen Anlagen

Laut ‚Handlungskonzept Stahl' der Bundesregierung werden allein für die Umstellung der Stahlproduktion 30 Mrd. € benötigt, die die Industrie laut Wirtschaftsvereinigung Stahl nicht hat. Es gebe zwar Zusagen der Politik, aber die reichten bei weitem nicht aus.

Und wieder muss die Politik handeln, will sie keine Schlüsselindustrie ins Ausland verlieren, wenn möglich noch in Länder, wo Umweltstandards keine Rolle spielen.

14.4 Angepasste ‚Grüne' Verbandspolitik

Es ist schon erstaunlich, wie sich die Interessenverbände der Industrie und der Arbeitnehmer in den letzten Jahren gewandelt haben.

Früher haben die Verbände die Interessen ihrer Mitglieder vertreten, heute hat die Politik in vielen Verbänden ihre eigenen Vertreter installiert, die den Verbandsmitgliedern die aktuelle Regierungspolitik als richtig und zielführend verkaufen, s. nachfolgende Beispiele:

14.4.1 Bundesverband der Elektrizitäts- und Wasserwirtschaft (BDEW)

Zusätzlich zum Präsidium gibt es noch eine Vorsitzende der Geschäftsführung: Kerstin Andreae, Diplom Volkswirtin (ehemalige wirtschaftspolitische Sprecherin der Grünen)

So schreibt der Verband in seinem Internet-Leitbild ‚Über uns', Vision und Leitbild [45]:

> Bereits im Jahr 2009 hat sich unser Verband geschlossen für eine CO_2-neutrale Energieversorgung im Jahr 2050 ausgesprochen. Der BDEW und seine Mitgliedsunternehmen leisten ihren Beitrag zum Klimaschutz und stehen für eine integrierte und volkswirtschaftlich effiziente Transformation des Energiesektors in Deutschland, der die unternehmerischen Belange der Mitglieder berücksichtigt.

Der Verband hat aber nichts dagegen getan, dass moderne Kohlekraftwerke, wie das 2015 für 3 Milliarden Euro, als Folge des Kernkraftausstiegs gebaute supermoderne und saubere Kohlekraftwerk Hamburg Moorburg Anfang Januar 2021 für alle Zeiten abgestellt wurde. Warum hat man nicht 2011, als die Mitgliedsunternehmen nach Ersatz für die Kernkraftwerke suchten und sich für diese Art von Kohlekraftwerken entschieden, schon den Bau von Moorburg und anderen neuen Kohlekraftwerken verhindert, wenn man sich angeblich schon 2009 für eine CO_2-neutrale Versorgung entschieden hatte?

Sieht so der Einsatz für volkswirtschaftlich effiziente Transformation und unternehmerische Belange aus? Ich glaube nicht.

Die einzige Institution, die sich noch Gedanken um den funktionalen und wirtschaftlichen Ablauf der Energiewende macht, ist der Bundesrechnungshof, der die entscheidenden Mängel der Energiewende (kein Ablaufplan für Kraftwerksaustausch, zu hohe Stromkosten etc.) am 30.3.2021 in einem umfassenden Bericht dargestellt hat.

Jetzt wird verständlich, warum sich der Verband (BDEW) nicht für die unternehmerischen Belange der Mitgliedsunternehmen einsetzt, sondern diese nur ‚berücksichtigt‘.

14.4.2 Verband der Automobilindustrie (VDA)

Vorsitzende: Hildegard Müller, Dipl.-Kfm. (ehemals Staatsministerin im Kanzleramt von Frau Merkel)

Auf der Homepage des VDA [46] finden wir nach Anklicken:

Wir sind bereit.

Wir haben das Auto erfunden. Jetzt erfinden wir es neu.

Unser Ziel: Klimaneutrale Mobilität bis spätestens 2050. Mit Elektro-Antrieb, mit EFuels, mit Wasserstoff. Daran arbeiten wir und sind schon heute Europameister bei E-Autos. Die ganze Story hier als Film.

Nur dumm, dass das Ganze seit permanenter Verschärfung der Abgasgrenzwerte und Breittreten des ‚Dieselskandals' eine Menge Arbeitsplätze gekostet hat und noch kosten wird, weil Unternehmen, die Motoren, Getriebe, Kühl- und Abgassysteme gebaut haben, nicht an dem neuen Geschäft teilnehmen können. 120 000 Mitarbeiter hat es bereits den Job gekostet, insgesamt 800 000 können betroffen sein, wenn es so weitergeht.

Und eines wird von der Politik komplett vergessen: Die ganze Welt wird noch lange Autos mit Benzin- und Dieselmotoren brauchen, weil Schwellen- und Entwicklungsländer froh sind, wenn sie überhaupt einen fahrbaren Untersatz haben. Wenn wir sie hier nicht mehr bauen, verlieren wir Arbeitsplätze und sie werden woanders gebaut. Oder können Sie sich vorstellen, dass im Kongo Haushalte ohne einen Stromanschluss, als erstes eine Ladesäule für ihr Elektroauto hinstellen?

14.4.3 DGB (Deutscher Gewerkschaftsbund und IG-Metall)

In seinem ‚Newsletter Perspektiven', Ausgabe 4 vom 31.3.2021 [47] schreibt der DGB am Anfang:

‚Liebe Leserin und lieber Leser, die Gestaltung des klimaneutralen Umbaus von Gesellschaft und Wirtschaft ist eine der großen Aufgaben dieses Jahrhunderts. Dieser Strukturwandel lässt sich erfolgreich und gerecht nur gemeinsam gestalten. Mit dieser Motivation haben die Friedrich-Ebert-Stiftung, der Nordische Gewerkschaftsrat und der DGB über ein Jahr lang in einem gemeinsamen Projekt Vorschläge für die gerechte Gestaltung der Transformation erarbeitet. Mitte März wurden die Ergebnisse des Projektes auf einer digitalen Konferenz unter Beteiligung der Vorsitzenden von DGB und NFS, Reiner Hoffmann und Antti Palola, sowie der finnischen Arbeitsministerin, Tuula Haatainen, und weiteren Gästen diskutiert. Die sechs Länderberichte sowie die Synthese mit zentralen politischen Empfehlungen können Sie über folgenden Link abrufen: https://www.fes.de/auf-dem-weg-zur-klimaneutralen-gesellschaft'.

Das heißt, die Interessen der Arbeitnehmer in Firmen, die bisher Teile für Autos mit Verbrennungsmotor gebaut haben, sind dem DGB vollkommen egal, Hauptsache ‚der klimaneutrale Umbau der Gesellschaft und Wirtschaft' funktioniert. Man verlangt von diesen Firmen sich anzupassen und wirft ihnen vor, dies nicht rechtzeitig getan zu haben.

Frage: Wie sollen z.B. Weltmarktführer beim Bau von Kolben (Mahle) oder von Getrieben (ZF), deren Produkte weiterhin auf dem Weltmarkt gefragt sind, alles hinschmeißen, um diese Forderungen zu erfüllen?

Selbst Vorschläge des Autors (Bei Betriebsräten von MAN und Daimler), mehr Transportverkehr auf die Bahn zu verlagern, stattdessen aber Bahnfahrzeuge in den Lkw-Werken zu bauen und zu warten sowie Lkw-Fahrer bei der Bahn einzusetzen, interessieren die Gewerkschafter nicht, sie verweisen auf die Homepage von DGB und IGM.

Fazit:

Ein Debattierklub aus immer den gleichen Politikern, ausgesuchten Wissenschaftlern und Gewerkschaftern unterhalten sich seit Jahren über immer die gleichen Ansätze zur Energie- und Verkehrswende, ob sie realisierbar und wirtschaftlich verkraftbar sind oder nicht.

15. FINANZIELLE RAHMENBEDINGUNGEN

In meinem Buch [1] ‚Damit die Lichter weiter brennen' aus dem Jahre 2020 hatte ich darauf hingewiesen, dass Deutschland bereits 2018 gemäß IWF 19,5% über dem Bruttoinlandsprodukt (BIP) verschuldet war, wenn man die Pensionsverpflichtungen des Staates in die Schuldenbetrachtung mit einbezieht.

In der Zwischenzeit ist in der EU der Corona-Rettungsfonds angelaufen mit noch weiteren Verpflichtungen für Deutschland + erhöhte Risiken nach dem Austritt eines der höchsten Nettozahler, Großbritannien, aus der EU.

Nach Aussagen des Statistischen Bundesamtes [48], das die Vermögensaufstellung des Bundes jeweils 1 Jahr später veröffentlicht, betrug das

Finanzvermögen des Öffentlichen Gesamthaushaltes in Deutschland beim nicht-öffentlichen Bereich

zum 31.12.2019: **973.639.000.000 €, also fast 1 Billion €.**

Da nicht davon auszugehen ist, dass Deutschlands öffentliches Vermögen im Laufe der Corona-Krise 2020 gewachsen ist, können wir das o.g. Vermögen mit den Staatsschulden laut Angaben des Statistischen Bundesamtes, gemäß Pressemitteilung Nr. 301 vom 28.Juni 2021 [49], vergleichen, die eine

Verschuldung des öffentlichen Gesamthaushaltes auswiesen:

1.Quartal 2021: **2.205.400.000.000 €, 2,205 Billionen €.**

Jeder Privatmann und jedes Unternehmen hätten da schon lange Konkurs anmelden müssen, wenn die Schulden das Vermögen übersteigen, in diesem Fall sogar um den Faktor 2,27!

Bei Staaten ist das anders, da setzt man die Schulden ins Verhältnis zum **Bruttoinlandsprodukt (BIP)**, das von unserem Statistischen Bundesamt [50] für 2020 angegeben wurde mit:

BIP 2020:   **3,329 Billionen €.**

Das heißt, solange ein Staat dem anderen noch als kreditwürdig erscheint, kann er eigentlich nicht bankrottgehen, egal wie hoch die Schulden sind.

Um aber eine übermäßige Verschuldung zu vermeiden, haben die EU-Verträge vorgesehen, einen Staat zur Schuldentilgung anzuhalten, wenn die Schulden 60% des BIP überschreiten, sonst drohen Geldstrafen. Leider hält sich daran im Europäischen Konsens kaum einer mehr, wie die Schuldenstatistik der EU im 1. Quartal 2021 (s. Spalte %-BIP, Statista) zeigt. Nicht nur das: Die EU macht weitere Schulden und verteilt Corona-Hilfen in Milliardenhöhe (s. Spalte Mrd. €):

Land	[%-BIP]	[Mrd. €]
Griechenland	209,30	17,80
Italien	160,00	68,90
Portugal	137,90	13,90
Zypern	125,70	1,00
Spanien	125,20	69,50
Belgien	118,60	5,90
Frankreich	118,00	39,40
Kroatien	91,30	6,30
Österreich	87,40	3,50
Slowenien	86,00	1,80
Ungarn	81,00	7,20
Deutschland	71,10	25,60
Finnland	70,30	2,10
Irland	60,50	1,00
Slowakei	60,30	6,30
Polen	59,10	23,90
Malta	59,00	0,30
Niederlande	54,90	6,00
Rumänien	47,60	14,20
Lettland	45,70	2,00
Litauen	45,60	2,20
Tschechien	44,10	7,10
Dänemark	40,70	1,60
Schweden	40,30	3,30
Luxemburg	28,10	0,10
Bulgarien	25,10	6,30
Estland	18,50	1,00

Abbildung 76, EU-Schuldenstand[%-BIP] + Corona-Hilfe [Mrd.€] (e.D.)

Wie man sieht, ist 1/3 der EU (rot) weit weg vom 60%-Kriterium, Deutschland gehört mit 71% auch schon zu den Schuldensündern und die ‚Corona-Hilfe‘ mit 338,2 Mrd. € läuft bereits in ein Fass (ohne) Boden, wenn man dazu noch die Kredite von 385,8 Mrd. € sieht, die zusätzlich auf Antrag ausgezahlt werden.

Wie die EU das Ziel erreichen will, die Europäischen Volkswirtschaften zu sanieren und zu fördern, ist in [51] beschrieben, wobei zunächst nur das Budget, die Themen und die Empfänger fixiert sind, die Detaillierung kommt später.

Das Ganze soll bis 2058 getilgt werden, einem Zeitpunkt wo die FFF-Generation wahrscheinlich in Rente geht.

HAUSHALTSDIZIPLIN UND ZIELGERICHTETES AGIEREN SIEHT ANDERS AUS!

Zusätzlich zu o.g. Schulden und unseren Garantieverpflichtungen im Rahmen der EU gibt es in Deutschland eine implizite Verschuldung, die sich in den Sozialversicherungen versteckt.

Laut einem Welt-Artikel vom 16.8.2021 (Wie hoch ist Deutschlands Schuldenlast wirklich [52]), zeigen vom Finanzwissenschaftler Bernd Raffelhüschen durchgeführte Berechnungen zur Generationenbilanz, dass aufgrund der Zusatzausgaben für die Corona-Hilfen und den notwendigen Ausgaben für Renten- und Pensionszahlungen zurzeit eine ‚Nachhaltigkeitslücke‘ besteht, die diesen zusätzlichen Verpflichtungen nicht Rechnung trägt.

Die ‚Nachhaltigkeitslücke‘ gibt an, welche Kapitalreserve der Staat heute bilden müsste, um die langfristigen Verbindlichkeiten etwa bei der Rente, der Pflege oder der Beamtenversorgung mit dem heutigen Steuer- und Abgabenniveau erfüllen zu können.

Bezieht man die Nachhaltigkeitslücke mit ein, liegt der Verschuldungsgrad Deutschlands bei 14,7 Billionen €, das sind 440% des BIP, deutlich höher als bisher berechnet.

Ohne die Corona-Krise läge der Verschuldungsgrad bei 236% des BIP.

Deshalb können wir uns keine Experimente mehr leisten und sollten versuchen, zusätzliche finanzielle Belastungen für die Bürger, die Unternehmen und den Staatshaushalt zu vermeiden.

16. ERGEBNIS DER ANALYSE

16.1 FORSCHUNGSSTAND DER KLIMAVERÄNDERUNG

Es hat im Laufe der Erdgeschichte eine große Menge von Aufwärm- und Abkühlperioden gegeben, ohne dass der Mensch, weil noch nicht oder zu wenig vorhanden, diese Vorgänge beeinflussen konnte [4]. Warum war Grönland grün oder findet sich unter abgeschmolzenen Gletschern alter Baumbestand? Auch Naturkatastrophen gab es schon im vorindustriellen Zeitalter (vor 1750). Nur die Menschheit hat bis dahin kaum eine Rolle gespielt, wie die Statistik zum Bevölkerungswachstum in der Welt zeigt:

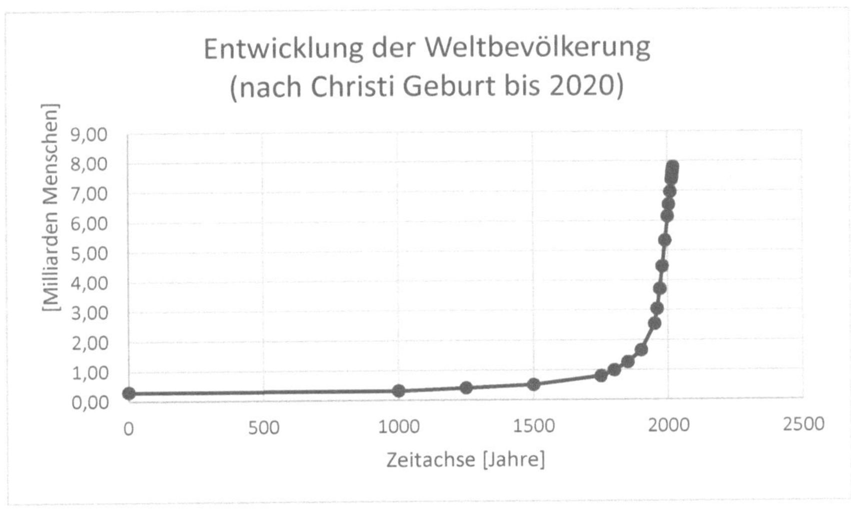

Abbildung 77, Entwicklung der Weltbevölkerung lt. Statista (e.D.)

Man sieht, ab 1750, dem Beginn der industriellen Produktion, wuchs die Weltbevölkerung rasant, bis auf zurzeit 7,8 Mrd.

Meines Erachtens macht die ‚grüne Wissenschaft‘ mit ihren Klimamodellen einen entscheidenden Fehler:

Statt zunächst die vorhandenen Mess- und Analysedaten der Weltgeschichte dazu zu verwenden, ihre Rechenmodelle zu kalibrieren und überprüfbar zu machen, werden die schlimmsten Horrorszenarien für die Zukunft erstellt und die Menschheit damit in Panik versetzt.

Bis heute gibt es kein einziges Rechenmodell, das im Nachhinein die vorhandenen Messdaten bestätigt hat. Es war entweder zu warm oder zu kalt.

Politiker, auf der Suche nach Lösungen, die jedem Menschen einleuchten, nutzen dies aus und fördern genau jene Wissenschaftler, die der Öffentlichkeit vermeintlich einfache Rezepte präsentieren, mit denen man sich im Wahlkampf als Macher und Problemlöser darstellen kann. Da ist die Versuchung für Wissenschaftler, die von politisch vergebenen Forschungsgeldern abhängen, groß, sich besser mit jenen Themen zu befassen, die der Politik genehm sind.

Die ‚wertfreie Wissenschaft‘, die ein Thema in alle Richtungen analysiert ist tot, Erkenntnisse, die vielleicht in eine andere Richtung weisen könnten, werden ausgespart.

Da wird zum einen das Klimagas CO_2 zum Hauptverursacher der Klimawende gemacht und alles, was bisher im Wärmeprozess CO_2 erzeugt hat, verdammt. Die Verbrennung von Holz oder fester Biomasse dagegen, die viel mehr CO_2 produzieren als Kohle, Öl oder Gas wird als nachhaltig und umweltschonend definiert, obwohl die Natur bis zu 80 Jahre braucht, bis ein Baum wieder nachgewachsen bzw. dann die ‚CO_2-Neutralität‘ wieder hergestellt ist.

Dass CO_2 die Grundlage unseres Lebens darstellt und mittels der Photosynthese in Pflanzen Stärke und den für uns notwendigen Sauerstoff erzeugt sowie Feuchtigkeit freisetzt, wird zu wenig berücksichtigt genau wie der Umstand, dass ein größeres CO_2-Angebot wieder zu mehr Aufnahme in der Natur führt [4].

Da werden Wasserkraftwerke dazu gezwungen, Fischabschreckanlagen, eine Art Elektrozaun bzw. millionenteure Fischtreppen um die Anlagen herum zu installieren, um das ‚Häckseln‘ von Fischen in den Turbinen zu vermeiden, zum anderen werden aber Windturbinen zugelassen, die Millionen von Insekten, Fledermäusen oder Vögeln den Tod bringen.

Die Bremswirkung des Wetters, durch übermäßig viele Windräder wird kaum untersucht, obwohl diese viel Energie aus dem

Wind nehmen. Man wundert sich aber schon über ‚stehende Tiefdruckgebiete‘, die, wie am 14. Juli 2021 im Ahrtal geschehen, sintflutartige Regenfälle ermöglichen. All das wird auf CO2 zurückgeführt, obwohl es bereits am 22. Juli 1342 das ‚Magdalenenhochwasser‘ gab, das Zehntausenden von Menschen im Einzugsgebiet des Rheins den Tod brachte.

Da werden ganze Großstädte und Grünflächen mit Fotovoltaik zugepflastert, aber die Klimawirkung dieser Installationen wird nicht erforscht [31,32].

Nur wenige Wissenschaftler in Deutschland versuchen noch, alle Seiten einer Medaille zu betrachten, so wie Sebastian Lüning [53] mit seiner Klimaschau auf youtube.

Und eines, was mich als Ingenieur besonders nervt, wird kaum betrachtet: DIE KLIMAWIRKUNG VON ABWÄRME!

Abwärme muss eine Wirkung auf das Klima haben, wie Jürgen A. Weigl [31,32,35] auf seiner Internetplattform mit vielen Wärmebildern und Berechnungen zeigt. Alles Menschengemachte erzeugt Wärmeabstrahlung, ja sogar ein Verkehrsschild oder ein gerade von der Wiese zum Acker umgepflügtes Feld.

Haben Sie zur Wärmewirkung von Großstädten mit ihrer Naturversiegelung und der Abstrahlung von Fotovoltaikanlagen schon irgendwelche Untersuchungen gesehen?

Ich nicht, aber in meiner Heimatstadt Karlsruhe will man Solardächer begrünen.

Andererseits wird bei Bebauungsplänen genau die Anzahl, Größe der Häuser und deren Geschoßhöhen festgelegt, aber das Hochwasserrisiko und der mögliche Wasserabfluss, bzw. der Schutz der Häuser ausgespart.

Wir müssen wieder dahin kommen, neue technische Lösungen und deren Auswirkungen auf die Umwelt wertfrei zu untersuchen, selbst wenn sie zu einem Ergebnis kommen, das man nicht erwartet hat.

Man predigt Vielfalt, fördert in der Wissenschaft aber nur eines:

Grün-ideologische Monokultur ohne kritisches Hinterfragen!

Der Welt-Chefredakteur Dr. Ulf Poschardt hat dies in einem Artikel vom 26.1.2019, 'Das alte Gift Calvins' [54] sehr treffend beschrieben (Auszug, *kursiv*):

War der säkularisierte Protestantismus schon schwer zu ertragen in seiner geschwätzig selbstgerechten Intoleranz, so braut sich im Reich der Anständigen ein noch größerer Tugendorkan zusammen: der säkularisierte Calvinismus.

Die philiströseste Spielart des Protestantischen geht in einer Umerziehungskultur auf. Im Calvinismus gibt es die Vorstellung, dass der Mensch nicht in der Lage ist, anständig zu leben: Seit dem Sündenfall ist er ganz in seiner Sünde verstrickt, nur ein paar Erwählte sind vorherbestimmt, ein gutes Leben zu führen.

Die Auswahl traf im 16. Jahrhundert noch Gott. Nach Nietzsches intellektueller Beerdigung Gottes haben sich sündenfreie Eliten zusammengefunden, deren eigene Auserwähltheit auch von außen gut zu erkennen ist. Sie haben immer recht, sie sind nur gut, sie wissen, was richtig und falsch ist, sie wissen auch alles besser, und sie haben keine Probleme, sich selbst über die sündigen anderen zu stellen. Die säkularcalvinistische Gemeinde ist eine Verklumpung grüner Politik, subventionsnaher NGOs und eines medial-kulturellen Komplexes, dem die wechselseitige Anerkennung als Zeichen einzigartiger Auserwähltheit genügt. Die aktuellen Umfragen der Grünen haben diese Gemeinde auf neue Gipfel des Hochmuts entführt, auf denen über die sittliche Unreife der anderen gestaunt wird, die weder bei Dieselfahrverboten noch beim Tempolimit, beim Fleischessen oder beim Silvesterböllern Einsicht zeigen.

Die Auserwählten sind von weltlichen Pflichten befreit. Der Schulpflicht zum Beispiel. Da propagieren grüne Politiker eine Demonstration junger Menschen, die freitags, anstatt naturwissenschaftliche Grundlagen zu büffeln - Plakate hochhalten, die jene Schüler zu Erfüllungsgehilfen der Auserwählten machen. Besonders bizarr ist dies, weil die Leistungsbilanz jener Bundesländer, die grün regiert werden, in Sachen Bildung mau bis mies aussieht und weil bislang der Konsens galt, dass die Mündigmachung zum aufgeklärten Bürger eben auch durch Schulbildung funktioniert........(kompletter Artikel s. link [54]).

Ich halte es für dringend geboten, die bisherigen Ergebnisse der 'Energiewende' kritisch zu hinterfragen und neu zu bewerten.

Bis dahin empfehle ich den Ansatz, sparsam mit Ressourcen umzugehen sowie die vorhandenen optimal zu nutzen, Abgase zu vermeiden und neue Technologien erst dann einzuführen, wenn sie voll erprobt sind.

Sollte es aber nicht gelingen, das Bevölkerungswachstum zu begrenzen, werden die Ressourcen eines Tages nicht mehr reichen!

16.2   NACHWACHSENDE ROHSTOFFE

Ich hatte in Kapitel 4 die sinnvolle Nutzung von Wäldern und landwirtschaftlichen Flächen erläutert.

Holzen wir Wälder ab, um das Holz oder die Flächen anderweitig zu nutzen zerstören wir den Haupt-Klimaregulator, die wesentliche CO_2-Senke und <u>den</u> Sauerstofferzeuger an Land.

Genauso ist mit den Feldern, die früher in Fruchtfolge mit verschiedenen landwirtschaftlichen Produkten bebaut wurden, um Mensch und Tier zu ernähren.

Nutzen wir Wälder und Felder vermehrt für industrielle Zwecke wird es bald eng mit der Klimaregulierung, der Sauerstofferzeugung im Wald und der Nahrungsmittelversorgung vom Feld.

Damit sollten wir weltweit aufhören und fehlenden Wald wieder aufforsten.

Es ist schon bezeichnend, dass der größte Klimasünder der Welt, die Volksrepublik China, zurzeit die meisten Bäume pflanzt (s. Kapitel 4.2.7) aber auch größter Nettoimporteur von Schnittholz in der Welt ist.

Wir sollten in Zukunft Wälder weniger als Plantagen betrachten und der Biodiversität wieder mehr Raum geben. Dann bleibt uns ein Klimaregulator, Sauerstofferzeuger, Naherholungs- und Wildtierrückzugsgebiet erhalten, ansonsten wird es eng. Die Förderung von Holzverbrennung (pellets) fördert eher die Vernichtung von Wäldern [33], statt sie aufzuforsten. Es werden lieber frische Bäume verarbeitet, statt all das Sturmholz zu verwerten.

Landwirtschaftliche Nutzflächen sollten wir dafür verwenden, wofür sie gemacht wurden, nämlich zur Ernährung von Mensch und Tier. Alles industriell nutzen und Nahrungsmittel von weit her beziehen schadet der Umwelt und stellt uns bei Lieferengpässen vor Existenzprobleme.

Auf alle Fälle sollten wir damit aufhören, die Verbrennung von Biomasse als CO_2-neutral zu bezeichnen sowie finanziell zu fördern und die Verbrennung von fossilen Brennstoffen zu verteufeln. Beide Verbrennungsmethoden erzeugen die gleichen schädlichen Abgase, bei Holz in der Menge sogar mehr (s. Kapitel 3.6).

Und die Auswirkung der Waldvernichtung ist enorm: Laut WWF trägt die Rodung und Degradierung tropischer Regenwälder mit 15% (!) zum Ausstoß schädlicher Treibhausgase bei, das ist mehr als der derzeitige CO_2-Gesamtausstoß der EU.

16.3 STROMERZEUGUNG UND -VERBRAUCH

Bis zum Beschluss von 2011, aus der Kernkraft auszusteigen und dem späteren Aufkommen der 'Fridays For Future' Bewegung (FFF) wurde der Strom in Deutschland mit

- Kernkraft-
- Braun- und Steinkohle-
- Öl-
- Gas- und
- Wasserkraftwerken

zu niedrigen Preisen zuverlässig erzeugt.

Nach dem Ausstieg aus der Kernkraft wurden neue, supermoderne Kohlekraftwerke konzipiert und gebaut, die einen sehr hohen Wirkungsgrad hatten und die Versorgung von großen Gebieten mit Fernwärme ermöglichten.

Seit dem Kohleausstiegsbeschluß ist die Versorgungssicherheit gefährdet, weil die als Ersatz vorgesehenen Wind- und Fotovoltaikanlagen wegen der unsicheren (volatilen) Verfügbarkeit von Wind- und Sonnenwärme keinen sicheren Beitrag zur Stromversorgung leisten können. Trotzdem hält man daran fest und fördert deren weiteren Ausbau! Um das wenige, das an Windstrom kommt in alle Richtungen verteilen zu können wird das Netz großräumig ausgebaut, aber bei Flaute hilft das auch nichts.

Parallel dazu muss die Bundesnetzagentur fossile Kraftwerke in Reserve halten, um jederzeit einspringen zu können, sollten Wind und Solarkraftwerke nicht liefern.

Auf der anderen Seite redet man immer von Energiespeichern, die die volatile Energie speichern sollen, tut aber nichts für die vorhandenen oder zukünftige Pumpspeicherkraftwerke (s. Kapitel 8.5,Pumpspeicherkraftwerke (9,814 GW)). Wasserkraft wird per EEG gefördert, Pumpspeicherkraftwerke, die jederzeit den volatilen Wind- und Solarstrom speichern könnten

- haben keinen Einspeisevorrang
- bekommen keine EEG-Zulage
- müssen die volle Netz- und KWK-Umlage bezahlen
- werden wegen ‚Unwirtschaftlichkeit' nicht gebaut oder
- stillgelegt (PSW Niederwartha)

Zurzeit haben wir bei Dunkelflaute bei thermischen Kraftwerken noch eine Kapazität von 90 GW, die gut ausreichen, die erforderliche Spitzenlast von 65 – 70 GW zu erzeugen. Ende 2023 werden wir laut BNA mit einer Außerbetriebnahme von 14,52 GW und einem Zubau von Gaskraftwerken von 2,483 GW noch 78 GW an Kraftwerkskapazität haben. Allerspätestens 2030 wird es dann eng, dann sind wir bei 70 GW, der heutigen Spitzenlast. Dies aber nur, wenn kein früherer Kohleausstieg, keine Wärmepumpen, E-Auto-Ladekapazitäten, Lichtbogenöfen für die Stahlindustrie (mit einem Bedarf von 26%(!) der heutigen Stromerzeugung) und grüne Wasserstofferzeugung hinzukommen. Norwegen hat z.B. den 4-fachen Pro Kopf Stromverbrauch mit E-Autos und Elektroheizung.

Wo soll der Strom dann bei Dunkelflaute herkommen?

Zu alledem bekommen wir nach dem Verschwinden der großen Dampfturbosätze (KKW und Kohlekraftwerke) noch ein regeltechnisches Problem:

Stromverbrauch und -erzeugung müssen zu jedem Zeitpunkt im Gleichgewicht sein, sonst verändern sich Netzspannung und -frequenz, was z.B. beim Ansteuern von großen elektrischen Fertigungsstraßen ein Problem darstellt, wenn kein Elektromotor mehr gleichmäßig läuft. Eine große Papiermaschine besitzt über 1000 Elektromotoren die gleichmäßig laufen müssen, sonst geht das Papier kaputt.

Deshalb ist die Netzregelung zurzeit so organisiert, dass Pumpspeicher- und Gaskraftwerke die schnellen Laständerungen ausregeln und die größeren Turbosätze (KKW und Kohle) die langsameren. Zudem haben großen Turbosätze mit ihren enormen Schwungmomenten eine solche Trägheit, dass sie kurze Laständerungen ohne Probleme einfach durch Beharrung ausgleichen.

All das fällt weg, wenn es diese Turbosätze nicht mehr gibt. Man träumt davon, die Windkraftwerke mithilfe von Großrechnern und irgendwelchen virtuellen oder realen Speichern auszuregeln, was allein aufgrund der Volatilität des Windstromes unmöglich wird:

Eine gleichzeitige, unvorhersehbare Änderung von Windangebot und Nachfrage kann man nicht regeln, wenn der Strombedarf steigt, aber das Angebot wegen Flaute zurückgeht. Und Speicher, die das über Stunden oder Tage ausgleichen können, gibt es nicht [1]!

DANN GEHT EINFACH DAS LICHT AUS!

16.4   PROZESS- UND HEIZWÄRMEERZEUGUNG

Früher nutzten Industriebetriebe, Behörden und Haushalte die Kohle oder teilweise Holz, später billiges Öl und danach das Gas zur Prozess- und Heizwärmeerzeugung.

Vom Gesamtenergieverbrauch (100%) von 2514 TWh (Abbildung 22, Energieanwendungen in allen Sparten 2019 (e.D.)) entfallen auf

- Fernwärme   4,3 %
- Erneuerbare Wärme   6,4%
- Gasheizung   14,3%
- Kohle- oder Ölheizung   5,5%
- Prozesswärme Industrie   16,1%

Also insgesamt 46,6% auf die Bereitstellung von Wärme.

16.4.1 Fernwärme

Die Fernwärme wird zurzeit meist von Kohlekraftwerken bereitgestellt, die demnächst entfallen sollen, Ersatz ist nur teilweise durch Gas- oder Müllkraftwerke vorgesehen.

Wir müssen die Energielieferanten für große Fernwärmenetze jetzt ersetzen, wenn wir die bisherigen Versorger, Kohlekraftwerke, abschalten. Fernwärmenetze liegen oft in großen, gewachsenen Siedlungsgebieten, wo kein Raum ist, andere Versorger hinzustellen, zumindest nicht mit der Wärmeleistung von Kohlekraftwerken.

Bis Ersatz gebaut ist, müssen die Kohlekraftwerke bleiben!

16.4.2 Erneuerbare Wärme

- Geothermie

Hier nutzt man bereits einen kleinen Teil Geothermie, der allerdings in unseren Breiten i.d.R. nur mit Tiefbohrungen erreicht werden kann, die sehr umstritten sind und in einigen Regionen schon zu Bergschäden geführt haben. Das ist in Island anders, da kommt die Wärme direkt aus dem Boden.

Wegen der geologischen Risiken nicht empfehlenswert.

- Solarthermie

Diese wird meist in einem ‚Niedrigenergiehaus' genutzt, das so gut isoliert ist, dass nahezu keine Wärme entweichen kann. Man muss hierbei nur aufpassen, dass man für ausreichend Lüftungsmöglichkeiten im Sommer sucht, sonst sitzt man in einer Sauna. Ergänzt wird das Ganze durch Solarheizkörper auf dem Dach zur Brauchwasservorwärmung.

Teuer und eventuell problematisch im Sommer (Lüftung!)

- Wärmeerzeugung durch Biomasse

Ich lehne jegliche Art von Wärmeerzeugung durch Biomasse (Holz, landwirtschaftliche Erzeugnisse) ab, sofern sie CO_2 erzeugt. Sie verschmutzt die Umwelt mehr als fossile Brennstoffe.

- Wärmepumpe

Die Wärmepumpe entzieht einer Wärmequelle Energie (Grundwasser, Erdwärme, Außenluft), die in einer Art umgekehrten Kühlschrankeffekt als Nutzwärme an die Heizung abgegeben wird.

Bei großen Temperaturdifferenzen wirtschaftlich, Strombezug zum Antrieb wird aber immer teurer.

16.4.3 Gasheizung

Gasheizung ist sauber und erzeugt wenig CO_2. Ersetzbar durch Biomethan oder Wasserstoff.

Empfehlenswert.

16.4.4 Kohle-/Ölheizung

Ab 2026 dürfen Kohle- oder Ölheizungen nach dem neuen Gebäudeenergiegesetz (GEG) nicht mehr genutzt werden. Sind sie aber, in sogenannten Kombikesseln, mit der Verbrennung von Biomasse verbunden, dürfen sie weiterbetrieben werden.

Umstellung nicht empfehlenswert, da auch CO_2 erzeugt wird.

16.4.5 Prozesswärme Industrie

Diese wurde bisher in eigenen Kraftwerken erzeugt, über Fernwärme bezogen bzw. beim Stahl mit Heizen durch Kohle oder Koks bezogen.

Dies soll alles auf Wasserstoff umgestellt werden, wobei es noch wenig industrielle Anlagen gibt, besonders nicht im Großmaßstab.

Die alten Methoden sollten beibehalten werden, bis die Neuen im Großmaßstab verfügbar sind. Allein die Stahlindustrie würde 26% des derzeitigen Stromangebotes benötigen, würden sie von Kohle auf Lichtbogenöfen oder Wasserstoff umsteigen.

16.5   Verkehr

Wir haben in Kapitel 9 und [1] gezeigt, dass viel zu viel Verkehr auf der Straße abgewickelt wird und man gut daran täte, mehr Verkehr auf die Bahn zu verlagern.

Die Straßenbelastung ist so hoch, dass man keine 200 km auf der Autobahn fahren kann, ohne im Stau zu stehen. Hauptsächlicher Grund: Überlastete, kaputt gefahrene Straßen, die repariert werden müssen.

Egal, ob und wie man Straßenfahrzeuge auf erneuerbare Energie umstellt oder nicht, die Stausituation bleibt die gleiche, weshalb man eine andere Lösung finden muss. E-Autos sind kein Gewinn für die Umwelt (mehr dazu in [1]).

16.6 CO_2-Erzeugung

Die Menge an erzeugtem CO_2 ist seit 1990 bis 2020 um 41%, von 1249 auf 739 Mio. t zurückgegangen und dies trotz gesteigerter Wirtschaftsleistung. Nur sollten wir vermeiden, CO_2 aus Biomasseverbrennung nicht mitzuzählen, da sie schon jetzt einen Betrag von 162 Mio. t/a erreicht, das sind zusätzlich 22% zur mit 739 t offiziell gemeldeten CO_2-Erzeugung.

Man sollte ehrlich bleiben. Entweder verändert CO_2 den Klimawandel, dann sollte man komplett darauf verzichten, oder es geht doch irgendwie, dann kann man andere Brennstoffe ebenfalls weiterverwenden, bis irgendwann, vielleicht mit der Kernfusion, eine unerschöpfliche Energiequelle gefunden ist.

16.7   Verschärfung des Klimawandels durch Klimaschutz

Einige wenige Wissenschaftler haben sich schon mit der Erwärmung und Austrocknung der Umwelt durch Windkraftwerke und Photovoltaik-Installationen beschäftigt, dies aber noch nicht im Großmaßstab betrachtet und nachgemessen. Das sollte man unbedingt tun, um alle Facetten einer möglichen Erderwärmung zu ergründen bevor man, z.B. mit der kompletten CO_2-Vermeidung, Maßnahmen ergreift, die an der Problemlösung vorbeigehen.

16.8 Schädigung der Industrie durch Umweltschutz

Die CO2-Abgabe in Europa sowie die Verteufelung der Kohlekraftwerke und des Autos mit Verbrennungsmotor haben schon dazu geführt, dass etliche Industriebetriebe die Produktion reduzieren, einstellen oder über eine Verlagerung nachdenken (s. Kapitel 14).

Mit den CO2-Zertifikatekosten (s. Kapitel 13.6) ist die Produktion hier teurer geworden und erschwert unsere Exporte, wenn das Produkt im billigeren Ausland ebenfalls hergestellt wird. Nur gefragte Produkte mit Alleinstellungsmerkmal lassen sich da noch verkaufen.

Die EU-Kommission träumt davon, durch Abgaben bei der Einfuhr, die der CO2-Kostendifferenz (z.B. China: 5,93.-€/tCO2, Europa: 25.-€/tCO2) entsprechen, Gleichstand herstellen zu können. Sie vergisst dabei nur, dass unsere durch die hohen Strom- und CO2-Kosten überteuerten Waren, keinen Absatz mehr finden, weil sie woanders billiger gekauft werden können.

Das ist ein Spiel mit dem Feuer!

17. EMPFEHLUNG

17.1 GENERELLES VORGEHEN

Ich habe in diesem und in meinem 1. Buch, 'Damit die Lichter weiter brennen' [1] gezeigt, dass die Erderwärmung und die damit verbundenen Klimaereignisse wenig mit CO_2 zu tun haben und wenn, nicht von Deutschland im Alleingang mit CO_2-Vermeidung, bei einem Erzeugungsanteil von knapp 2%, behoben werden kann.

Man kann, zur CO_2-Vermeidung Zertifikate verkaufen, dies aber nur, wenn CO_2 weltweit das Gleiche kostet, sonst schaden wir uns nur selbst.

Zudem sollten wir wo es geht Energie sparen und die Energieart einsetzen, die am preisgünstigsten ist. Dies schließt den Stopp von Fördermaßnahmen ein, aber zur Wahrung der Rechtssicherheit müssen geltende Verträge eingehalten werden.

Wir müssen erst alle Möglichkeiten der Erderwärmung untersuchen, die durchaus etwas mit

- übermäßig vielen Windkraftwerken
- der Versiegelung der Landschaft
- dem schlechten Wirkungsgrad von Fotovoltaikanlagen und
- dem schlechten Wirkungsgrad von technischen Prozessen

zu tun hat.

Es heißt ERDERWÄRMUNG und nicht Temperaturanstieg durch Treibhausgase.

Übrigens: Wasserdampf in der Atmosphäre verstärkt genau wie CO_2 die Wärmeaufnahme aus der Atmosphäre, manchmal noch stärker. Aber das war nie Gegenstand einer globalen Untersuchung.

Solange die Abwärme von Kunstbauten, menschlichen Eingriffen in die Natur und technischen Prozessen nicht auf ihre Wärmewirkung untersucht ist, macht es keinen Sinn, nur einseitig auf CO_2-Erzeugung zu verzichten. Natürlich ist es grundsätzlich gut, so weit wie möglich Abgase zu vermeiden, aber nur dann, **wenn es etwas bringt und ALLE MITMACHEN!**

Aber wenn wir Abgase vermeiden wollen, sollten wir Biomasseinsatz genauso vermeiden wie fossile Energieträger.

Unabhängig davon, was letztendlich bei der Ursachenforschung herauskommt müssen wir dafür sorgen, dass

- Das Bevölkerungswachstum in der Welt insgesamt im Konsens auf ein erträgliches Maß eingeschränkt wird,
- Weltweit Bäume gepflanzt werden, statt sie für Siedlungszwecke, Windkraft, Heizen und Landwirtschaft abzuholzen,
- Die Großverbraucher in der Welt (China, USA, Indien) auf umweltfreundlichere Kraftwerke umsteigen, statt alte Kohle und Ölkraftwerke weiter zu nutzen.

Mittelfristig kann dies nur gelingen, wenn weltweit, soweit sinnvoll <u>und für die einzelnen Länder finanziell möglich</u>, auf alternative Energien, Kernkraft und Gaskraftwerke gesetzt wird, deren Wirkungsgrade stetig verbessert werden.

Deutschland kann nur insoweit mitmachen, wie

- es seine begrenzten finanziellen Mittel erlauben, die nach den eigenen und den EU-Corona-Ausgaben noch weniger geworden sind,
- die wirtschaftliche Konkurrenzfähigkeit mit mittleren Strompreisen verbessert wird,
- alternative Energien einschließlich Pumpspeicherkraftwerken sinnvoll genutzt (Windflaute/Nacht berücksichtigen) und vergütet werden,
- Kernkraftwerke und saubere fossile Kraftwerke weiter betrieben oder erneuert werden,
- Fossile Kraftwerke mit Fernwärmeauskopplung weiterbetrieben werden, bis Alternativen verfügbar sind.

Wir müssen die Kernkraft weiterbetreiben, um unsere Versorgungssicherheit zu erhalten da Wind- und Solarkraft nicht ausreichen, unseren Bedarf komplett zu decken. Momentan können wir uns noch am europäischen Strommarkt mit billigem Strom aus den abgeschriebenen französischen Nuklearkraftwerken sowie den alten polnischen Kohlekraftwerken und anderen bedienen. Aber wenn wir Versorgungssicherheit im eigenen Land wollen, müssen wir uns eine eigene Reserve erhalten und einrichten.

Dies geht mittelfristig aber nur mit der Kernkraft sowie Gas-Kombikraftwerken und den modernsten Braun- bzw. Kohlekraftwerken, bis die Kernkraft übernimmt. Wasserstoff als umweltschonender Ersatzbrennstoff ist erst dann eine Lösung, wenn er umweltfreundlich und kostengünstig in großen Mengen aus der Elektrolyse erzeugt werden kann. Das ist zurzeit nicht zu erwarten und in der Wüste nur teilweise möglich (s.12.2).

Die deutschen Energieversorger hatten bisher immer rechtzeitig für das Vorhalten eines modernen Kraftwerksparks gesorgt, halten sich aber jetzt, wegen des seinerzeit überraschenden Kernkraftausstieges und des jetzigen Kohleausstieges mit Investitionen zurück, da man ja nicht weiß, was morgen wieder Neues beschlossen wird. Aktuell sind sie wegen des hohen EEG-Anteiles am Strompreis nicht in Eile, da sie vom Verbraucher die hohe EEG-Vergütung kassieren und sich stattdessen auf dem Spotmarkt mit billigem Strom versorgen können, wenn sie selbst keine billig-produzierenden Nuklear- und Kohlekraftwerke mehr besitzen. Und sie sind ja auch noch gedeckt: Die Entscheidung, Nuklear- und Kohlekraftwerke abzuschaffen kam aus der Politik.

Hoffen wir, dass Bewegung in die Sache kommt und sich die Regierung doch noch dazu entschließt, die alten Kraftwerke weiter zu betreiben, bis moderne Kern- und Gas-Kombikraftwerke nachgebaut sind, sonst könnten wirklich die Lichter ausgehen.

Bei der Wärmeerzeugung können wir im Privatbereich, soweit finanzierbar auf das Niedrigenergiehaus mit Sonnenkollektoren setzen, sowie moderne Gas- und Ölheizungen nutzen. Von Pelletheizungen halte ich nichts, da sie die CO_2-Bilanz verschlechtern.

Bei größeren Wohn- und Industriebauten würde ich auf Fernwärme mit Gas oder modernen Kohlekraftwerken setzen, bei der Prozesswärme auf Kohle oder Gas.

Größere Elektroanwendungen, die vom Niederspannungsnetz ausgehen, halte ich wegen der begrenzten Kapazität dieser Netze nicht für sinnvoll. Nicht vergessen: Die Norweger heizen und fahren (45%) elektrisch, verbrauchen aber pro Kopf viermal so viel Strom wie wir. Das verkraften unsere Niederspannungsnetze nicht.

Im Verkehrsbereich ist es dringend erforderlich, Verkehr von der Straße auf Schiene und Binnenschiff zu verlagern, um deren günstigere Energiebilanz zu nutzen [1]. Zuviel Straßenverkehr macht auch deshalb keinen Sinn, weil viele Straßen ihre Kapazitätsgrenzen überschritten haben und man dort fast nur im Stau steht.

Wenn es gelingt, 50% des Verkehrs einschließlich Lkw-Transport von der Straße auf die rein elektrisch angetriebene Schiene zu verlagern könnten wir 84 Mio. t CO2 einsparen, wenn der Bahnstrom CO2-frei erzeugt wird.

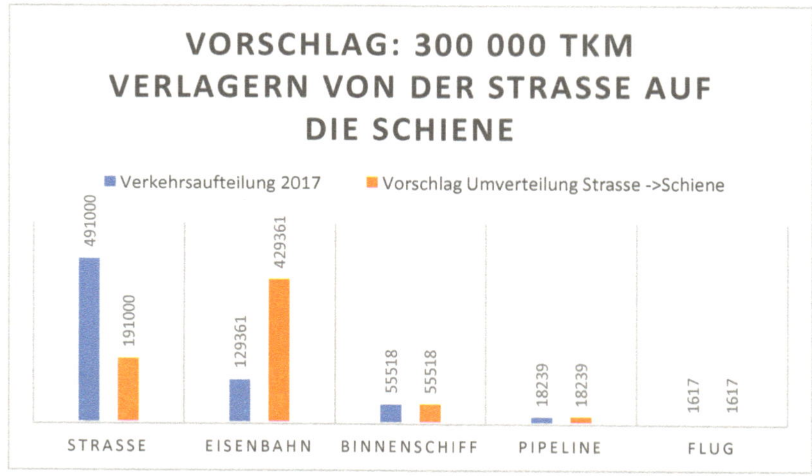

Abbildung 78, 50%-Verkehrsverlagerung Straße auf Schiene (e.D.)

Das wäre mehr als das Einsparziel (65 Mio. t CO2) des VDA bis 2030, aber ohne große Einführung von Elektroautos, Lkws mit Oberleitung, Biofuel-, Wasserstoff- und Gasfahrzeugen. Das heißt, umweltfreundlichere Lösungen wären möglich, ohne unsere Volkswirtschaft komplett umzukrempeln! Um für alle Eventualitäten gewappnet zu sein, sollte man unbedingt alternative Lösungen (E-Auto, RE-Fuel, Biofuel, Wasserstoff- und Gasfahrzeuge) marktfähig weiterentwickeln.

Zudem sollte man bei uns unnötige Fahrten vermeiden (z.B. Elterntaxi) und überlegen, inwieweit eine Regionalisierung der Versorgung und des Handels unnötig weite Transporte (z.B. Äpfel aus Chile) die vollkommene Globalisierung ablösen und die Versorgungssicherheit (s. Corona-Krise) erhöhen kann.

Elektroantriebe auf Batteriebasis für Straßenfahrzeuge sind zurzeit noch keine Lösung [1], da Reichweiten und Lademöglichkeiten keinen sinnvollen und störungsfreien Gebrauch erlauben. Das Gleiche gilt für Lkws mit Oberleitung deren spez. Energieverbrauch 4,7-mal höher ist als bei der Bahn. Allerdings hat unsere Nachkriegserfahrung und jene in Russland gezeigt, dass Oberleitungsbusse in der Stadt durchaus eine umweltfreundliche Alternative darstellen.

Die Autoindustrie muss übergangsweise (20 bis 30 Jahre) weiterhin schadstoffarme Fahrzeuge mit Verbrennungsmotor bauen, bis genügend Strom CO_2-frei erzeugt wird und die Batterietechnik ausgereift ist.

Hüten wir uns vor radikalen Lösungen, die

- unsere Industriestruktur zerstören (schlagartige Abschaffung des Verbrennungsmotors) und somit unsere Exportindustrie insgesamt schädigen, was sich ja am Produktions- und Stellenrückgang der Autoindustrie bereits gezeigt hat,
- unnötig moderne thermische Kraftwerke abstellen,
- Autohersteller durch Strafzahlungen in den Ruin treibt, selbst wenn deren Manager Fehler gemacht haben sollten. Bestraft die Manager, nicht die Arbeiter.

Sorgen wir nach den Erfahrungen der Corona-Krise sofort dafür, dass Versorgungssicherheit wiederhergestellt wird, indem

- Rohstoffe zur Energieversorgung aus verschiedenen Quellen beschafft und wo nötig bereitgehalten werden (Ausfallsicherheit),
- Lebenswichtige Versorgungsgüter wieder gelagert werden,
- Die Industrie ihre Lagerwirtschaft wieder ausbaut, um Lieferengpässe abzufedern (was auch zu einer Veränderung des Transportaufkommens führt),
- Die Beschaffung so weit regionalisiert wird, dass keine Lieferengpässe bei Ausfall einer Lieferregion in Europa und der Welt entstehen können.

Zusätzlich wäre es umwelttechnisch sehr hilfreich, wenn

- Holz- und Biomasse konsequent dann verbrannt wird, wenn sie als Abfall anfällt und nicht zur Verbrennung erzeugt wird,

- Weltweit koordiniert jeglicher Müll eingesammelt und verbrannt wird,
- Kein neuer Plastikmüll entsteht und
- Kriege vermieden bzw. beendet werden. Auch dies belastet die Umwelt.

Bei alledem könnte sich die Fridays for Future Bewegung sehr gut einbringen, indem sie mithilft, sinnvolle, funktionsfähige Industrie-, Kraftwerks- und Verkehrskonzepte zu erstellen und umzusetzen. Nur Forderungen aufzustellen, ohne die Konsequenzen bedacht zu haben ist keine Lösung, um unser Land auf einen besseren Weg zu bringen.

Natürlich wäre es schöner, wieder das Paradies zu verwirklichen, aber dazu sind wir auf der Welt zu viele Menschen, um wie vor 400 Jahren nur von der landwirtschaftlichen Arbeit und dem Handwerk leben zu können.

Deutschland braucht eine funktionierende Industrie mit hochwertigen Produkten, die sich weltweit verkaufen lassen, um seinen Lebensstandard und die Sozialleistungen erhalten zu können.

Wir brauchen weiter Firmen mit modernster Technik und hiesiger Produktion zum weltweiten Bau und Verkauf von
- Umweltfreundlichen Kraftwerken,
- Eisenbahnen und Bahntechnik,
- Umweltfreundlichen Autos.

Nur mit hochwertigen Arbeitsplätzen können wir unser Volk auf hohem Niveau versorgen, da wir keine Rohstoffe besitzen, die wir verkaufen könnten. Und wir brauchen noch eines:

Ein ideologiefreies energie- und verkehrspolitischen Gesamtkonzept mit Zeitplan!

Sowohl der Atom- als auch der Kohleausstieg wurden beschlossen ohne ein energiepolitisches Gesamtkonzept, das funktionierende Erzeugungsalternativen rechtzeitig bereitstellt, bevor die alten Kraftwerke abgeschaltet werden. Selbst das Kohleausstiegsgesetz enthält nur einen Zeitplan für den Kohleausstieg sowie andere Fördermaßnahmen für die Wirtschaft und Infrastruktur einschließlich der Wiedereröffnung alter Bahnstrecken, aber keinen konkreten Plan, wann welches neue Kraftwerk die Versorgung übernimmt. Das muss nachgeholt und solange müssen die existierenden Kern- und Kohlekraftwerke weiterbetrieben werden, um Stromausfälle zu verhindern.

Das Gleiche gilt für die Automobilbranche. Die heutigen Fahrzeuge mit Verbrennungsmotor sind die besten der Welt und schaden der Umwelt schon wenig, besonders wenn sie in geringerem Maße betrieben werden. Aber mit Dieselbetrugsgeschrei wird sie keiner mehr kaufen, was unsere Volkswirtschaft maximal 800 000 Arbeitsplätze kosten kann. Es ist daher an der Zeit, sie zu rehabilitieren, sonst schaden wir uns allen.

Wenn durch Verlagerung des Verkehrsaufkommens von der Straße auf die Schiene in der Automobilwirtschaft und dem Lkw-Transport Arbeitsplätze wegfallen sollten Automobilwerke Bahnfahrzeuge bauen und warten sowie die Transportarbeiter Jobs bei der Bahn übernehmen. Fertigungsstraßen für Lkws lassen sich recht gut in solche für Bahnfahrzeuge umbauen, das Lichtraumprofil ist ähnlich. Und jemand der Lkws fahren und beladen kann ist genauso geeignet eine Lok zu fahren oder einen Zug zu beladen.

Allerdings wird das Verlagern des Verkehrs nicht ohne Reorganisation der Bahn [1] und Rückführung in einen funktionierenden Staatsbetrieb mit gelerntem Bahnpersonal aus Österreich, Schweiz oder Japan gelingen. Manager aus dem Kanzleramt, ohne praktische Bahnerfahrung haben bewiesen, dass sie mit dieser Aufgabe überfordert sind.

Echte Bahnfachleute, die uns heute fehlen, könnten die Bahn wieder leistungsfähig machen. Die Bahn in Japan ist überpünktlich und leistungsfähig, weil sie genügend

- Überholgleise hat (Mehdorn hat sie bei uns aus Kostengründen abgebaut)
- ausreichend Ausbesserungswerke und
- hochmotiviertes Personal besitzen.

Für den Japaner ist es eine Ehre, dem Volk zu dienen, keine Last.

Das Leben ist nicht nur durch Abgase gefährdet. Wenn eine hochentwickelte Volkswirtschaft durch Arbeitslosigkeit verelendet, ist das mindestens genauso gefährlich und kostet Menschenleben, wie es uns die Weimarer Republik gelehrt hat. Lassen wir es nicht so weit kommen.

In meinem Buch vom Juli 2020 lag unsere Verschuldung noch unter der 60%-BIP-Grenze des Maastrichter-Vertrages. Heute, im August 2021 liegt sie schon bei 71,1%, mit Einbeziehung unserer Pensionsverpflichtungen laut einem Welt-Artikel [52] vom 16.8.2021 bei 440% des BIP.

<u>Zur Vorsorge für unsere Nachkommen gehört auch, ihnen Vermögen zu hinterlassen und keine unüberwindbaren Schulden!</u>

17.2 MASTERPLAN FÜR DEUTSCHLAND

Seit Jahrzehnten erstellen Ingenieure Masterpläne für Entwicklungsländer, in denen der Fortschritt in der Energiewirtschaft und Industrie detailliert geplant wird. Warum machen wir das nicht auch bei uns?

Ich denke, bei solch einschneidenden Veränderungen, wie sie jetzt bei uns anstehen, ist es an der Zeit das Gleiche zu tun, denn eine entwickelte Volkswirtschaft funktioniert wie ein großes Zahnradgetriebe. Stockt ein Zahnrad steht der ganze Verband.

Wir brauchen eine Masterstudie für das ganze Land!

Bei straffer Planung der Studie könnte man mit aufeinander abgestimmten Arbeitsgruppen aus Hochschulen, Fridays for Future, Energiewirtschaft, Fertigungs-, Grundstoff-, Chemie-, Autoindustrie, Bahntechnik, Schifffahrt-, Luftfahrt- und Bahnexperten in einem Jahr ein zukunftsträchtiges Gesamtkonzept mit Zeitplan erarbeiten, das aufeinander abgestimmte Maßnahmen, den Masterplan, aufzeigt.

Wichtig:

In die Auswahl der Experten sollte die Deutsche Forschungsgemeinschaft eingeschaltet werden, um die wissenschaftliche Expertise und Praxiserfahrung der Kandidaten zu bewerten und nur solche zu empfehlen, die sowohl in der Wissenschaft als auch in der praktischen Arbeit bewiesen haben, dass sie ihr Metier beherrschen. Teure Fehlschüsse können wir uns, aufgrund der prekären Finanzlage, nicht mehr leisten.

In die Masterstudie müssen auch die Erfahrungen der jüngsten Vergangenheit einfließen, wie z.B. die Hochwasserereignisse vom Juli 2021. Es kann nicht sein, dass wir die Welt retten wollen, dabei aber vergessen haben, dass unsere Infrastruktur mit den vielen versiegelten Flächen keine größeren Hochwässer mehr verkraftet. Die Wuppertalsperre in Radevormwald ist für eine maximale Hochwasserabfuhr von 318 m³/s ausgelegt, aber die Unterlieger einschließlich Wuppertal hatten im Juli 2021 schon bei einer Abflussmenge von 160 m³/s Land unter!

Modernisieren wir nicht nur unsere Energieversorgung und den Verkehr, sondern schauen wir auch bei der Infrastruktur nach, wo etwas im Argen liegt. Wenn ich einen Bach oder Fluss in ein viel zu enges künstliches Bett oder Rohr zwänge, muss ich mich nicht wundern, wenn er einmal ausbricht.

Nur wenn wir unser Land erhalten, können wir auch weiterhin anderen helfen.

Wir haben genug Zeit, mit unserem 2,26%-Anteil an der Weltenergieerzeugung im Vergleich zu großen Volkswirtschaften wie China und Indien, die so schnell von den Kohlekraftwerken nicht wegkommen.

Trauen wir uns wieder zu, mehr Marktwirtschaft zuzulassen, ohne staatliche Eingriffe. Das Elektroauto wird dann gekauft, wenn die Menschen von seiner Brauchbarkeit überzeugt sind und Häuser werden umweltfreundlich gedämmt und geheizt, wenn sich das für die Bürger rechnet. Dann braucht man auch keine Zuschüsse und der Staat, wir alle, sparen Geld.

Nur wenn wir unsere Industriestruktur koordiniert, zielstrebig, kostenbewusst und behutsam modernisieren, erhalten wir unsere Zukunft auch für die ‚Fridays for Future' Bewegung.

Um dies in Zukunft zu erreichen, sollte die ‚Fridays For Future'-Bewegung Montag bis Samstag lernen, damit das ehemalige Land der Dichter und Denker intellektuell wieder Weltspitze wird und Exportnation bleiben kann.

Wir brauchen endlich eine Elite, die diesen Namen verdient, damit wohl durchdachte Zukunftslösungen realisiert werden können und nicht populistische Schnellschüsse das Land ruinieren.

Dipl.-Ing. Klaus H. Richardt

18. ANLAGEN

18.1 ABKÜRZUNGSVERZEICHNIS

Abkürzungsverzeichnis	
€-ct/kWh	Stromtarif je kWh in €-cent oder €
∏	Kreiszahl pi
AGEB	Arbeitsgemeinschaft Energiebilanzen (Zusammenschluß von Hochschulinstituten zur
AL-PRO	Meßgesellschaft für Windkraft (erstellt Windkraftgutachten/-messungen)
ATAB, ATEXT	meine Kategorisierung: ATAB (aus AL-PRO-Tabelle), ATEXT (aus AL-PRO Text)
B 7	Dieselkraftstoff mit 7 % beigemischtem Biodiesel
bar	Druckeinheit (1 bar = 1o m Wassersäule)
BBR	Brown Boveri Reaktorbau
BDEW	Bundesverband der Deutschen Elektrizitätswirtschaft
BGBl.	Bundesgesetzblatt
BHO	Bundeshaushaltsordnung
BIP	Bruttoinlandsprodukt (Gesamtwert aller im Inland Land pro Jahr hergestellten
BMU	Bundesministerium für Umwelt
BMVI	Bundesministerium für Verkehr und digitale Infrastruktur
BMWi	Bundesministerium für Wirtschaft
BNA	Bundesnetzagentur
BRD	Bundesrepublik Deutschland
BRH	Bundesrechnungshof
BW	Baden-Württemberg
bwp	Bundesverband Wärmepumpen e.V.
CE	Combustion Engineering
CNG	Compressed Natura Gas (komprimiertes Erdgas)
CO	Kohlemonoxid
CO_2	Kohlendioxid; gasförmige, chemische Verbindung
D	Durchmesser Windrad
d	Day = Zeiteiheit für Tag (24 h)
Denox	Stickstoffabscheider (DE - NOX = Denox)
DGB	Deutscher Gewerkschaftsbund
DGK-Gase	Deponie-Gruben- und Klärgas bzw. erneuerbare Gase nach Erneuerbare Energie
DRAX	Englischer Kohlekraftwerksbetreiber
DWD	Deutscher Wetter Dienst
E 10	Superkraftstoff mit 10% Ethanolanteil
E 5	Superkraftstoff mit 5% Ethanolanteil
e.D.	eigene Darstellung
EEG-Umlage	Erneuerbare Energie Gesetz Umlage (zur Finanzierung der erneuerbaren Energien
EJ	Exajoule (Energieeinheit): 1 EJ = 1 EWs = 1.000.000 TWs = 277,8 TWh
EU	Europäische Union
Euro 0 - Euro 6	Abkürzung für europäische Abgasnormen für Kraftfahrzeugantriebe
Euro I bis VII (1 bis 7)	Europäische Abgasnormen für Fahrzeuge mit Verbrennungsmotor
EVU	Energieversorgungsunternehmen
FAO	Food and Agriculture Organisation UN (Welternährungsorganisation UN)
FFF	Fridays For Future (Umweltbewegung von Schülern
FNR	Fachagentur nachwachsende Rohstoffe e.V.
FSC	Forest Stewardship Council (Holz aus verantwortungsvoller Waldbewirtschaftung)

Abkürzungsverzeichnis	
GB	Großbritannien
GE	General Electric
GEG	Gebäudeenergiegesetz
G-H-D oder GHD	Gewerbe, Handel und Dienstleistungen
GT	Gasturbine
GW	Leistungseinheit (1 GW = 1.000.000 kW)
h	Stunden
H_2	Chemische Bezeichnung für reinen Wasserstoff
ha	Flächenmaß: 100m x 100m = 10.000 m^2
HC	Chlorierte Kohlenwasserstoffe
HRB	Hochtemperatur Reaktorbau
HVO	Hydrated Vegetable Oil (Hydrierte Pflanzenöle)
IGM	Industrie-Gewerkschaft-Metall
ISIN	Wertpapierkennnummer
IWF	Internationaler Währungsfonds
KBA	Kraftfahrtbundesamt
Kfz	Kraftfahrzeug
KKW	Kernkraftwerk
kto CO_2/a	Kilotonnen CO2 per annum
ktoe	Kilotonnen Öl-Äquivalent (Energieeinheit: 1 ktoe = 11,63 GWh)
kVA	Anschlußleistung oder Scheinleistung elektrischer Maschinen: kilo Volt Ampere
kWh/kg	Heizwert pro Gewichtseinheit
kWh/KW$_p$	Maßeinheit für Photovoltaik; Erzeugung [kWh] je Standort geteilt durch
kWh/m^2	mittlere Einstrahlungsleistung bei Photovoltaik (kWh je m^2)
KWK-Abgabe, KWKG	Kraft-Wärmekopplungsabgabe bzw. Kraft-Wärmekopplungs-Gesetz
KWSB	**K**ommission **W**achstum, **S**trukturwandel, **B**eschäftigung
KWU	Kraftwerksunion
Lkw	Lastkraftwagen
LPG	Liquified Petroleum Gas (Flüssiggas; Hauptbestandteile: Butan, Propan)
m/s	Geschwindigkeit in Meter pro Sekunde
MJ	Megajoule (Energieeinheit: 1 MJ = 1.000 kJ)
Mrd	Milliarde
Mt	1 Mega-Tonne = 1000 kt = 1000 Kilotonnen = 1.000.000 t = 1 Mio Tonnen
Mt	Megatonne (Gewichtseinheit)
MW	Leistungseinheit (1 MW = 1.000 kW)
MWe, MW$_{th}$	Megawatt elektrische Leistung, Megawatt thermische Leistung
MW$_{pel.}$	Megawatt-peak, elektrisch, zur Beurteilung der Photovoltaikanlage
NDR	Norddeutscher Rundfunk
NFS	Nordische Gewerkschaftsvereinigung der skandinavischen Länder
NGO	Non-Governmental-Organisation (Nicht-Regierungsorganisationen)
NOx	Stickoxidemission
PJ	Petajoule (Energieeinheit: 1 PJ = 1.000.000.000.000 kJ)
Pkw	Personenkraftwagen
Power to X	Stromumwandlung zur Speicherung (z.B. in Wasserstoff, Batterien etc.)
RDK 8	Rheinhafen Dampfkraftwerk Nr. 8

Abkürzungsverzeichnis	
REA	Rauchgasentschwefelungsanlage
RED	Renewable Energy Directive
REDD+	Waldwiederaufbauprogramm(Reducing Emissions from Deforestation and Forest
RSPO	Roundtable Sustainable Palm Oil (Runder Tisch nachhaltiges Palmöl)
RTRS	Roundtable on Responsible Soy (Runder Tisch, verantwortungsvolle
SH	Schleswig Holstein
SOL,SNL	Sofort abschaltbare Lasten (unmittelbar), Schnell abschaltbare Lasten (Minute)
t-CO_2	Tonnen CO_2
THTR	Thorium-Hoch-Temperatur-Reaktor
TU	Technische Universität
TWh	Energieeinheit Terawattstunden = 1.000 Gigawattstunden = 1 Mio MWh = 1 Mrd
TWh	Energieeinheit (1 TWh = 1.000.000.000 kWh)
UBA	Umweltbundesamt
Uke	Woche (norwegisch)
USA	Vereinigte Staaten von Amerika
VDA	Verband der Automobilindustrie
W/m²	Windleistungsdichte je Standort bezogen auf die Rotorfläche
ZF	Zahnradfabrik Friedrichshafen
⌀	Durchschnitt

18.2 EINHEITEN

10-er Potenzen	Einheit	Bezeichnung	Einheit	
	k	Kilo	10^3	1.000
	M	Mega	10^6	1.000.000
	G	Giga	10^9	1.000.000.000
	T	Tera	10^{12}	1.000.000.000.000
	P	Peta	10^{15}	1.000.000.000.000.000
	E	Exa	10^{18}	1.000.000.000.000.000.000
Masse	kg	Kilogramm	1000 g	
	t	Tonne	1000 kg	
Energie				
	ktoe	Kilotonne-Öl-Äquivalent	11,63 GWh	
	Wh	Watt-Stunde	3600 Ws	
	J	Joule	1 Ws	
Leistung	W	Watt	1 Watt	
Transportleistung				
Fracht	tkm	Tonnenkilometer	1 tkm	
Personen	Pkm	Personenkilometer	1 Pkm	
Länge	m	Meter	1 m	
Fläche	m²	Quadratmeter	1 m²	
Volumen	m³	Kubikmeter	1 m³	
Strom				
Spannung	V	Volt	1 V	
Stromstärke	I	Ampere	1 A	

18.3 ABBILDUNGSVERZEICHNIS

18.4 SACHVERZEICHNIS

18.5 LITERATURVERZEICHNIS

[1] https://tredition.de/autoren/klaus-hellmuth-richardt-33043/damit-die-lichter-weiter-brennen-hardcover-137617/

[2] https://www.bundesrechnungshof.de/de/veroeffentlichungen/produkte/sonderberichte/2021/bund-steuert-energiewende-weiterhin-unzureichend

[3] KohleAusG - Gesetz zur Reduzierung und zur Beendigung der Kohleverstromung und zur Änderung weiterer Gesetze (gesetze-im-internet.de)

[4] Unerwünschte Wahrheiten-Was Sie über den Klimawandel wissen sollten; Fritz Vahrenholt, Sebastian Lüning; Langenmüller-Verlag.

[5] WWF 2011- Die Wälder der Welt –Ein Zustandsbericht Globale Waldzerstörung und ihre Auswirkungen auf Klima, Mensch und Natur

[6] FAO 2020 - Global Forest Resources Assessment 2020, Main report

[7] Statistisches Bundesamt, Pressemitteilung Nr. N 031 vom 10.5.2021

[8] Fachagentur Nachwachsende Rohstoffe e.V.(FNR), www.fnr.de

[9] www.energiepflanzen.com/miscanthus

[10] https://biogas.fnr.de/biogas-nutzung/biomethan

[11] https://biogas.fnr.de/daten-und-fakten/faustzahlen

[12] https://biokraftstoffe.fnr.de/kraftstoffe/bioethanol

[13] https://biokraftstoffe.fnr.de/kraftstoffe/hydrierte-pflanzenoele-hvo

[14] https://biokraftstoffe.fnr.de/kraftstoffe/biodiesel

[15] https://biokraftstoffe.fnr.de/kraftstoffe/pflanzenoel

[16] https://ag-energiebilanzen.de/7-0-Bilanzen-1990-2016.htmlx; enthält alle Bilanzen bis 2019

[17] https://www.bmwi.de/Redaktion/DE/Publikationen/Energie/energieeffizienz-in-zahlen-2020.pdf

[18] Bundesministerium für Verkehr und digitale Infrastruktur (BVI),Verkehr in Zahlen 2020/2021, 49. Jahrgang

[19] Wikipedia, Erneuerbare Wärme

[20] https://www.waermepumpe.de/waermepumpe/funktion-Waermequellen

[21] https://www.energy-charts.de

[22] https://www.bundesnetzagentur.de

[23] https://www.bmwi.de/Redaktion/DE/Downloads/A/abschlussbericht-kommission-wachstum-strukturwandel-und-beschaeftigung.html

[24] https://www.fwt.fichtner.de/userfiles/fileadmin-fwt/Publikationen/WaWi_2017_10_Heimerl_Kohler_PSKW.pdf

[25] https://um.baden-wuerttemberg.de/de/energie/erneuerbare-energien/windenergie/planung-genehmigung-und-bau/windatlas-bw/

[26] https://windguard.de/jahr-2020.html?file=files/cto_layout/img/unternehmen/windenergiestatistik/2020/Status%20des%20Offshore-Windenergieausbaus%20-%20Jahr%202020.pdf

[27] https://windguard.de/jahr-2020.html?file=files/cto_layout/img/unternehmen/windenergiestatistik/2020/Status%20des%20Windenergieausbaus%20an%20Land%20-%20Jahr%202020.pdf

[28] https://mlr.baden-wuerttemberg.de/de/unsere-themen/wald-und-naturerlebnis/waldland-baden-wuerttemberg/

[29] https://news.harvard.edu/gazette/story/2018/10/large-scale-wind-power-has-its-down-side/

[30] https://strom-report.de/photovoltaik/

[31] https://www.energiedetektiv.com

[32] https://www.energiedetektiv.com/fileadmin/user_upload/documents/PDF/Klimawandel_durch_Klimaschutz_E.pdf

[33] http://www.tichyseinblick.de/kolumnen/klima-durchblick/ist-holz-die-neue-kohle-der-grosse-oekoschwindel-durchholzverbrennung/

[34] Verkehr in Zahlen 2020/2021, 49.Jahrgang, Druckschrift des Bundesministeriums für Verkehr und digitale Infrastruktur (BMVI)

[35] http://www.energiedetektiv.com/fileadmin/user_upload/documents/PDF/Klimawandel_und_CO2_E.pdf

[36] http://w3.windmesse.de/windenergie/pm/38336-technische-universitat-braunschweig-messadaten.messung-windpark-effekt-flugzeug-nordsee-x-wakes-erfolung-windfeld-offshore-atmosphare

[37] https://news.harvard.edu/gazette/story/2018/10/large-scale-wind-power-has-its-down-side/?fbclid=IwAR0-VHxN_UKGwIJkUKXRFaiYYOGnVe8oz...

[38] https://strom-report.de/medien/strompreis-entwicklung-2021.jpg

[39] Prognose der EEG-Umlage 2021 nach EEV, erstellt von 50 Hertz, Amprion, Tennet, Transnet BW vom 15.10.2020

[40] Prognose der Offshore-Netzumlage 2021, erstellt von 50 Hertz, Amprion, Tennet, Transnet BW vom 15.10.2020

[41] Abschaltbare Lastenzuschläge 2021, erstellt von 50 Hertz, Amprion, Tennet, Transnet BW vom 26.10.2020

[42] Prognose der KWKG-Umlage 2021, erstellt von 50 Hertz, Amprion, Tennet, Transnet BW vom 26.10.2020

[43] Ermittlung der Umlage nach § 19 Absatz 2 StromNEV in 2021 auf Netzentgelte für Strommengen der Endverbrauchskategorien A,B,C; Prognose erstellt von 50 Hertz, Amprion, Tennet, Transnet BW am 26.10.2020

[44] https://www.youtube.com/watch?v=VOzMq5wkTb4

[45] https://www.bdew.de/verband/ueber-uns/#Sprungmarke1

[46] https://www.vda.de/de/verband/ueber-den-verband/wir-sind-bereit.html

[47] DGB-Newsletter Perspektiven', Ausgabe 4 vom 31.3.2021

[48] Finanzen und Steuern, Finanzvermögen des Öffentlichen Gesamthaushalts 2019, erschienen am 24.9.2020, Artikelnummer:2140510197004, Statistisches Bundesamt

[49] Statisitisches Bundesamt, Pressemitteilung Nr. 301 vom 28.Juni 2021

[50] Volkswirtschaftliche Gesamtrechnungen, Inlandsproduktberechnung, Erste Jahresergebnisse 2020, erschienen am 14.1.2021, Artikelnummer:2180110207004, Stat. Bundesamt

[51] https://ec.europa.eu/info/strategy/recovery-plan-europe_de#einfhrung

[52] https://www.welt.de/finanzen/plus233112663/Versteckte-Schulden-Wie-hoch-ist-Deutschlands-Verschuldung-wirklich.html?icid=search.product.onsitesearch

[53] https://www.youtube.com/channel/UCwnMKIg6RSvAuLbeN1oqWZg

[54] https://www.welt.de/debatte/kommentare/plus187728314/Verbotskultur-Belehrung-und-Umerziehung-statt-Muendigmachung.html?icid=search.product.onsitesearch